Martina Maier-Schmid

Grenzen setzen 3.0

Hunden freundliche Orientierung geben

© 2020 KYNOS VERLAG Dr. Dieter Fleig GmbH
Konrad-Zuse-Straße 3, D-54552 Nerdlen/Daun
Telefon: 06592 957389-0
www.kynos-verlag.de

Grafik & Layout: Kynos Verlag
Gedruckt in Lettland

ISBN 978-3-95464-221-2

Bildnachweis: Alle Fotos Horst Maier, Loßburg, außer: Titelbild Adobe Stock @tarapatta
Adobe Stock : @annaav S. 8; @abr68 S. 10; @teksomolika S. 11; @DoraZett S. 23, 61; @
canecorso S. 34; @jimcumming88 S. 36; @rinayaremko S. 49; @Sergey Lavrentev S. 59; @
monica S.62, 64; @absolutimages S. 65; @Mevlt S.78; @Alexandr S. 96; @steve ball S. 100;
@castenoid S. 107; @robert Emprechtinger S. 111; @caprasilana S. 112;

Zeichnungen: Tanja Graumann www.graycando.de

Mit dem Kauf dieses Buches unterstützen Sie die Kynos Stiftung
Hunde helfen Menschen
www.kynos-stiftung.de

Inhaltsverzeichnis

Einstiegsgedanken

Meine erste Hündin zog 1998 bei mir ein. Und seither begleitet mich das Thema „Grenzen setzen" in der Ausbildung und Erziehung von Hunden. Bücher, andere Hundebesitzer, Nicht-Hundebesitzer, im Hundeverein, im Fernsehen – überall wird darüber diskutiert und berichtet, wie wichtig es sei, dem Hund auch Grenzen zu setzen. Schließlich muss ein Hund auch wissen, was er darf und was nicht geht. Begleitet werden diese Aussagen fast immer von der Sorge, dass Hunde, denen keine Grenzen gesetzt werden, irgendwann tun und lassen, was sie wollen und dem Menschen auf der Nase herumtanzen, vielleicht sogar gefährlich werden.

In den Gesprächen mit Kundinnen, Tierschutzfreundinnen, Kolleginnen oder auch in Foren begegnen mir häufig Aussagen wie: „Ja, aber der muss doch wissen, was falsch ist" oder „Der weiß genau, dass er das nicht soll" oder „Der testet nur seine Grenzen aus" oder „Jetzt ist aber wirklich mal gut" oder „Es muss doch erlaubt sein, auch mal eine Grenze zu setzen" und so weiter. In der Regel sagen Hundehalter das, wenn ihre Hunde etwas tun, was aus Sicht des Menschen unerwünscht ist. Dahinter steckt das Gefühl von Frustration, weil dieses Verhalten immer wieder auftaucht, obwohl sie gefühlt schon viel getan haben, um das Verhalten zu verändern. Die Bandbreite, um welche Verhaltensweisen es geht, ist hoch, zum Beispiel:

- an Menschen hochspringen
- in die Wohnung pieseln
- an der Leine ziehen
- jagen gehen
- andere Hunde oder Menschen verbellen, anknurren oder gar schnappen
- Futter oder Kauartikel verteidigen usw.

Grenzen 3.0

3.0 steht in der Welt des Internets und der IT für die (derzeit) neueste Version, die Fort- und Weiterentwicklung des Bestehenden.

Genau deshalb haben wir diesen Titel für dieses Buch gewählt: Es geht nicht um die Frage, ob wir Grenzen im Zusammenleben mit unseren Hunden benötigen.

Es geht um die Frage, wie wir diese Grenzen setzen und definieren – das geht anders, freundlicher und moderner, als wir sie bis jetzt gewohnt waren!

Sally wird durch die „Stopphand" ausgebremst. Es ist ihr deutlich anzusehen, dass ihr deshalb mulmig ist: Ohren zurück, Fang geschlossen und angespannt, Lefzen leicht nach hinten gezogen, abgeduckter Kopf und Schielen nach der Hand.

Ich beobachte, dass die oben genannten Aussagen häufig mit einer gewissen Bereitschaft verbunden sind, den Hund für dieses unerwünschte Verhalten zu bestrafen. Auch hier gibt es eine große Bandbreite: Hunde hören dauernd „Nein, lass das, hör auf", es wird auf die Schleppleine getreten, der Hund wird zur Seite geschoben, festgehalten, weitergezogen, geschubst, gepiekst, gezwickt. Hunde werden angezischt oder angeschrien, es wird an der Leine geruckt, Rappeldosen fliegen neben oder auf Hunde, Hunde werden in die Seite ge-

kniffen oder gestoßen und vieles mehr. Im Laufe der Jahre des Zusammenlebens mit meinen Hunden und meinem Wissenszuwachs durch die Ausbildung zur und in der praktischen Tätigkeit als Hundetrainerin habe ich mich immer öfter gefragt

- ob das aus Menschsicht unerwünschte Verhalten aus der Sicht des Hundes sinnvoll und logisch ist. Sinnvoll, weil es eine Funktion, einen Zweck erfüllt. Logisch, weil es aus dem Zusammenspiel von Emotionen, Lernerfahrungen und neurobiologischen Vorgängen, die nur in Teilen vom Hund steuerbar sind, entsteht.

- ob es schlicht möglich sein könnte, dass der Hund noch nicht lernen konnte, welches Verhalten für ihn in einer solchen Situation genauso funktional und aus Menschensicht erwünscht bzw. akzeptabel wäre.

- wie das denn so ist mit den Grenzen im Zusammenleben mit und Erziehen von Hunden.

In diesem Buch möchte ich genau diesen Fragen nachgehen und meine Überlegungen mit Ihnen teilen.

» Testen Hunde wirklich ihre Grenzen, wenn sie aus Menschensicht unerwünschtes Verhalten zeigen?

» Brauchen Hunde Grenzen?

» Wenn ja, wie viele oder geht es sogar ohne Grenzen?

» Warum ist es uns Menschen so wichtig, Grenzen zu setzen?

» Können Grenzen nur über Bestrafung unerwünschten Verhaltens gesetzt werden?

» Ist es möglich, Grenzen über den Aufbau funktionalen Alternativverhaltens zu setzen? Wie könnte das dann konkret aussehen?

Können wirksame Grenzen auch anders als durch Neinsagen und Bestrafen gesetzt werden? Dieser Frage möchten wir in diesem Buch nachgehen!

1. Grenzen – eine Begriffsdefinition

Der Begriff Grenzen kann sehr unterschiedliche Inhalte transportieren, je nach Kontext, in dem er verwendet wird. Deshalb möchte ich an dieser Stelle kurz beleuchten, in welchen Zusammenhängen das Wort genutzt werden kann.

Grenzen bezeichnen räumliche Trennungen

Grenzen sind räumliche Trennlinien, zum Beispiel zwischen Ländern oder Landkreisen. Auch Grundstücke haben Grenzen, zur Kennzeichnung werden Gartenzäune oder Grenzsteine eingesetzt. Zimmertüren oder Kindertrenngitter markieren Grenzen zwischen zwei Räumen innerhalb einer Wohnung oder nach draußen zur Straße oder ins Treppenhaus. Wege haben eine Grenze durch Bordsteine oder wechselnde Bodenbeschaffenheit. Diese Grenzen können in der Hundeerziehung eine wichtige Rolle spielen. In einem Haushalt mit Kindern ist es hilfreich und entspannend, wenn ein Hund lernt, das Kinderzimmer nicht zu betreten, damit die Spielsachen des Kindes nicht vom Hund durch die Gegend geschleppt und vielleicht zerkaut werden. Wer beim Verlassen der Wohnung direkt an einer Straße oder einem Fußweg lebt, wird es erstrebenswert finden, dass der Hund erst nach dem Menschen aus der Wohnungstür geht. So kann der Zweibeiner sich zunächst über die Situation auf der Straße einen Überblick verschaffen. Wer einen Hund sein Eigen nennt, der gerne im Unterholz verschwin-

det, wird es als hilfreich empfinden, wenn der Hund die Weggrenze erkennt und auf dem Weg bleibt. Hunde, die an Bordsteinen von Gehwegen warten können, sind sichere und angenehme Begleiter für ihre Menschen.

Grenzen bezeichnen Übergänge gegensätzlicher Bereiche

Sollen gegensätzliche Bereiche voneinander unterschieden werden, sprechen wir ebenfalls von Grenzen. Gemeint sind Übergänge zwischen Kindheit und Jugend oder Tag und Nacht. Übergänge zwischen Lebensphasen gibt es bei unseren Hunden auch. Viele Hundehalter, die sich begeistert für einen Welpen entschieden haben, verfluchen den Übergang zwischen der Welpenzeit und der restlichen Zeit der Junghundeentwicklung, während sie den Übergang zum erwachsenen Hund herbeisehnen. Und vor dem Übergang zwischen einem erwachsenen Hund im besten Alter zum Senior haben viele Hundehalter vielleicht eine gewisse Angst, weil die Zipperlein mehr werden und das Abschiednehmen näher rückt.

Der Übergang zwischen Tag und Dämmerung und zwischen Dämmerung und Nacht kann für einige Hunde eine Grenze, ein Übergang für unterschiedliches Verhalten sein.

Grenzen bezeichnen
Beschränkungen und Einengungen

Menschen sprechen auch dann von Grenzen, wenn sie bestimmte Ein- oder Beschränkungen benennen wollen. Es gibt zeitliche Grenzen, innerhalb derer eine Prüfung abgelegt werden muss oder Unterlagen für bestimmte Anträge eingereicht sein müssen. Die Zeitspanne ist also begrenzt. Hundehalter haben oft konkrete Vorstellungen, innerhalb welcher Zeitspanne ein Hund bestimmte Dinge wie Alleinebleiben, Stubenreinheit oder Signale aus dem Grundgehorsam erlernen soll. Vor allem bei Welpen und Junghundenist es oft gekoppelt an die Sorge, dass Hunde das als Youngster schon lernen müssen, weil es sonst zu spät sein könnte.

Gesellschaftliche Normen und Werte prägen das Zusammenleben – sowohl das von Menschen untereinander als auch das von Menschen und ihren Hunden. Vorstellungen darüber, was sich gehört oder wie ein gut erzogener Hund zu sein hat, prägen unser Leben mehr oder weniger bewusst und nehmen erheblichen Einfluss darauf, welche Erwartungen wir an unsere Hunde haben, was sie alles lernen müssen und wie wir sie erziehen. Diese Vorstellungen und Ideen begrenzen uns wiederum häufig darin, die Individualität unserer Hunde zu akzeptieren, wenn sie diesen Anforderungen nicht entsprechen und hindern uns daran, für individuelle und kreative Lösungen offen zu sein.

> Die Grenzen unserer eigenen Erwartung hindern uns oft daran, die Individualität unserer Hunde zu akzeptieren und für individuelle Lösungen offen zu sein.

Gesellschaftliche Normen und Vorstellungen darüber, was ein „gut erzogener" Hund ist, setzen unserem eigenen Denken und Handeln oft Grenzen.

Jemanden in seine Grenzen zu verweisen ist eine Redensart, die wir alle kennen. Vermutlich haben wir dies alle selbst auch schon einmal erlebt. Entweder, weil wir jemand anderen in seine Grenzen verwiesen haben oder weil uns ein Gegenüber Grenzen gesetzt hat. Wenn wir einem Gegenüber eine Grenze setzen, fühlt sich das entlastend und befreiend für uns an. Wenn wir von unserem Gegenüber begrenzt werden, geht das mit eher unangenehmen Emotionen bei uns selbst einher.

Manchmal liegen die Grenzen auch in einem selbst. An die eigenen Grenzen zu stoßen beschreibt die Situation, wenn ein Mensch etwas tun soll oder möchte und es nicht schafft. An die Grenzen der zeitlichen Ressourcen kommen zum Beispiel Frauen, wenn sie versuchen, Beruf, Kinder, Partnerschaft, Hobbies und Hund unter einen Hut zu bekommen. An die Grenze der eigenen Belastbarkeit kommen wir, wenn die Überstunden überhandnehmen oder die Anforderungen auf der Arbeit die eigenen Kenntnisse und Fertigkeiten häufig übersteigen. An die eigenen Grenzen stoßen wir, weil der eigene Hund nicht auf das Training anspricht und eine Herausforderung bleibt. Ich denke, auch Hunde können aus den gleichen Gründen an Grenzen stoßen, dass sie in einer bestimmten Lebenssituation nicht lernen können, was von ihnen gefordert wird, weil zum Beispiel der Stresslevel durch Umbrüche der Lebenssituation, unpassende oder überfordernde Lebenssituationen oder Krankheit zu groß ist oder weil die Anforderung zu hoch ist.

In beiden Varianten stellt die Grenze eine Beschränkung oder Einengung dar. Eingeschränkt werden fühlt sich unangenehm an, ist frustrierend und kann durchaus auch wütend machen.

Dieser Hund zeigt deutlich, dass er das Umarmtwerden als unangenehme Einschränkung empfindet – wie übrigens die meisten Hunde.

2. Der Ruf nach Grenzen in der Hundeerziehung

Im Zusammenhang mit Hundeerziehung wird der Ruf nach Grenzen meist in dem Sinne genutzt, dass es um Einengung und Beschränkung geht. In der Regel geht es darum, dass der Halter seinem Hund eine Grenze setzt, wenn dieser aus Sicht des Menschen unerwünschtes Verhalten zeigt, das stört oder eventuell auch gefährlich ist. Das unerwünschte Verhalten soll abgestellt werden, indem der Hund seine Grenzen aufgezeigt bekommt. In diesem Zusammenhang fallen die Sätze wie „bis hierher und nicht weiter", „jetzt reichts aber", „der (gemeint ist der Hund) weiß genau, dass er das nicht soll" oder „der muss doch wissen was falsch ist", „das darf der doch nicht, das ist gefährlich". Der Fokus liegt dabei auf den Verhaltensweisen des Hundes, die der Mensch als störend empfindet oder die tatsächlich gefährlich werden könnten.

Warum haben Menschen das Gefühl, Grenzen setzen zu müssen?

Es kann unterschiedliche Gründe haben, warum ein Mensch das Verhalten seines Hundes als störend empfindet und verändern möchte. Viele Hundehalter möchten ihre Hunde so erziehen, dass sie niemand belästigen oder schaden. Sie wollen Verantwortung dafür übernehmen, dass ihr Hund in seinem Lebensumfeld für niemanden eine Gefahr oder Belastung darstellt. Die Katze des Nachbarn soll nicht gescheucht werden, die Kindergartenkinder von nebenan sich sicher fühlen können, der Jogger oder Radfahrer gefahrlos am Hund vorbeikommen. Wenn dieses

Ziel erreicht werden kann, ist das für alle Beteiligten ein Gewinn.

Vorstellung und Wirklichkeit

Manchmal sind die unbewussten Idealvorstellungen des Hundehalters, wie schnell ein Hund das alles lernen kann, sehr ambitioniert. Die Erkenntnis, dass Verhaltenstraining geplant und kleinschrittig aufgebaut werden muss und auf viele unterschiedliche Situationen und Erregungszustände übertragen und generalisiert werden muss, ist anfänglich häufig nicht vorhanden und reift erst im Laufe der Zeit. Frust und Ärger sind vorprogrammiert.

Manchmal sind die Idealvorstellungen, was der eigene Hund können soll, weit von dem entfernt, was er zu diesem Zeitpunkt leisten kann. So würde der Hundehalter seinen Hund gerne immer und überall frei laufen lassen können. Der Hund jagt aber gerne oder rennt freudig zu allen entgegenkommenden Hunden und/oder Menschen hin. Oder der Hundehalter wünscht sich sehr, dass der eigene Hund von allen Menschen jederzeit gestreichelt werden kann, was dieser aber mit Abwehrverhalten vereitelt. Die Diskrepanz zwischen der Wunschvorstellung des Halters und dem Verhalten des Hundes kann ebenfalls Frust und manchmal sogar Wut beim Menschen auslösen. Genau genommen liegt hinter dem Frust und hinter der Wut die Trauer über die geplatzten Traumvorstellungen. Dies umso mehr, wenn sich im Laufe der Zeit vielleicht herausstellt, dass der Hund auch langfristig die Erwartungen nur sehr schwer oder gar nicht wird erfüllen können. Gesellt sich die Idee dazu, dass über die „richtige" Erziehung auch alles erreicht werden kann, steigt der Druck für alle Beteiligten, weil der Hundehalter sich unfähig oder inkompetent erlebt, wenn dies nicht oder nur eingeschränkt gelingt.

> Menschen haben Wunschvorstellungen, wie ihr Hund sich verhalten soll und vergleichen schnell mit anderen Hunden. Erfüllen sich diese Erwartungen nicht, empfinden Menschen Frust und Wut, weil sie um ihre Träume trauern. Das kann erheblichen Handlungsdruck verursachen.

Immer wieder erleben Hundebesitzer auch, dass ihnen die „Schuld" am Verhalten ihres Hundes gegeben wird. Wer seinen Hund „richtig" erzieht, hat solche Schwierigkeiten nicht. Da muss man einfach mal richtig durchgreifen. Wer eine gute Bindung zu seinem Hund hat, genug Sicherheit ausstrahlt, selbstbewusst genug auftritt, dem Hund genug Sicherheit gibt, hat einen Hund, der zuverlässig folgt und keine „Probleme" macht. Scham- und Schuldgefühle können dadurch entstehen und wachsen und schaffen zusätzlichen Handlungsdruck.

Interpretieren und bewerten

Es passiert schnell, dass Hundehalter das Verhalten des Hundes als nervig, ungebührlich, frech, dominant, unverschämt, unverständlich, unmöglich, vorsätzlich, einschränkend, aufsässig, unpassend, absichtlich, gegen den Menschen gerichtet und so weiter bewerten. Diese Bewertung löst beim Hundehalter Gefühle wie Frustration, Ärger oder Wut über das Hundeverhalten aus, was sich in den oben genannten Sätzen ausdrückt. Mit der Frage, ob Hunde solche Absichten überhaupt haben können, befassen wir uns später noch eingehend.

Oder Hundehalter haben schon in das Training ihres Hundes investiert und erwarten, dass er zu jeder Zeit gelernte Signale befolgen kann. Sie sind enttäuscht und frustriert, vielleicht auch resigniert und hilflos, wenn ihr Hund in bestimmten Situationen dann doch nicht auf ein Signal hört und bewerten dies als absichtliche, ungehorsame oder widersetzliche Handlung des Hundes. Es kann sehr frustrierend sein, zu üben und zu trainieren und dann zu erleben, dass es Situationen gibt, in denen das Geübte dennoch nicht funktioniert.

Unsicherheit und Sorge

Und immer wieder spielen auch Unsicherheit und Angst beim Menschen eine Rolle, wenn der Ruf nach Grenzen für den Hund laut wird. Sie haben vielleicht in Büchern oder in der Hundeschule gelernt, dass das Nichtbefolgen von Signalen eine Missachtung ihrer Chefposition sei und es gefährlich sei, wenn der Hund nicht endlich lernen würde, sich unterzuordnen. Sie greifen dann durch, manchmal gegen das eigene Bauchgefühl, weil sie große Angst haben, dass ihnen ihr Hund sonst irgendwann nur noch auf der Nase herumtanzt. Bei jagenden Hunden oder Hunden, die starkes Abwehrverhalten gegenüber anderen Hunden oder Menschen zeigen, ist die Angst der Halter häufig groß, dass ein Lebewesen irgendwann einmal schwer verletzt werden könnte. Hier entsteht viel Handlungsdruck für den Menschen.

Die unangenehmen Emotionen beim Hundehalter sind ein guter Nährboden dafür, dass Menschen Trainingswege annehmen, die das störende Verhalten des Hundes sehr in den Fokus nehmen und über Strenge und unangenehme Einwirkungen auf den Hund abstellen sollen.

Ein in Schlüsselsituationen nicht gehorchender Hund baut verständlicherweise großen Druck bei seinem Halter auf. Dieser erhöht die Bereitschaft, zu rabiaten Methoden zu greifen – was das Problem aber nicht löst, sondern langfristig eher verschlimmert. Atmen Sie durch!
Es gibt andere Lösungen!

Was bedeutet Grenzen setzen für den Trainingsansatz?

Die Forderung, dass Hunde Grenzen brauchen, ist häufig gepaart mit Trainingstechniken, die das unerwünschte Verhalten unterbrechen sollen. Sehr oft wird dieses Vorgehen in der Trainingsliteratur oder von Hundefachleuten damit begründet, dass der Hund dominant sei und wissen müsse, wo er in der Rangordnung stehe. Es gibt immer noch etliche Trainingskonzepte, die auf der Basis von Dominanz- und Rangordnungsvorstellungen entwickelt und gestaltet werden. In der Praxis be-

deutet dies dann häufig, dass das unerwünschte Verhalten abgewartet oder sogar provoziert wird, um dann durch Einwirkungen abgestellt zu werden, die für den Hund unangenehm, erschreckend oder gar schmerzhaft sind. Die Palette der Einwirkungen hat eine weite Streuung: Da wird der Hund an der Leine weitergezerrt, der Hund wird angeschrien, gezwickt, getreten, mit Wasser bespritzt, angezischt, mit Gegenständen beworfen, körpersprachlich bedrängt, abgedrängt, mit einem Leinenruck bedacht und vieles mehr. Es werden Hilfsmittel eingesetzt, die schmerzhaft auf den Körper einwirken oder unangenehme Geräusche machen. Meist wird die Einwirkung dann beschönigend anders genannt, sodass nicht immer direkt deutlich wird, über welchen Wirkmechanismus gearbeitet wird. Es sei Kommunikation mit dem Hund, Hunde machen das untereinander auch so, das tut nicht weh, es ist wichtig, dass der Hund weiß, wo sein Platz in der Rangordnung ist, es stärkt die Bindung, es ist artgerecht.

Bindung entsteht nicht durch Machtdemonstrationen!

Für mich muss klar unterschieden werden, ob solche Einwirkungen bewusst als Trainingsmittel zur Verhaltensänderung eingesetzt werden oder ob einem Hundehalter einfach mal die Nerven blank liegen und die Impulskontrolle versagt und er dann aus der Haut fährt. Als Trainingsmittel sind diese Maßnahmen nicht sinnvoll und zielführend, wie wir später noch ausführlich besprechen werden.

Der Ruf nach Grenzen ist somit häufig ein Ausdruck davon, dass sich Menschen auf das unerwünschte Verhalten fokussieren und dieses abstellen wollen, um für sich selbst zu sorgen oder Schaden für Dritte abzuwenden. Dahinter steht auch häufig die eigene Belastung, die den Halter an die eigenen Grenzen der Belastbarkeit bringen kann. Die Annahme, dass dies nur über das Setzen von Grenzen im Sinne einschränkender Regeln ginge, ist noch weit verbreitet. Sie begegnet uns nicht nur in der Hundeerziehung, sondern auch in zwischenmenschlichen Beziehungen und der Kindererziehung. Es ist also im Grunde nicht verwunderlich, dass dieser Blinkwinkel auch in der Hundeerziehung weit verbreitet ist.

Wollen Hunde Grenzen testen?

Auch das ist eine Aussage, die oft zu hören und zu lesen ist. „Der Hund will ja nur seine Grenzen testen". Diese Annahme suggeriert unterschwellig, dass der Hund ein Verhalten, das dem Menschen nicht angenehm ist, absichtlich und wider besseres Wissen zeigt, um zu prüfen, ob der Mensch konsequent ist oder wirklich Chef ist und in dem Bewusstsein, dass es dem Menschen nicht gefällt. Auch die Annahme, dass Hunde Verhalten vorspielen, um zu protestieren, weil es nicht nach ihrem Willen ginge, oder um ihren Menschen zu kontrollieren oder zu manipulieren, ist noch weit verbreitet. Irgendwie scheinen Menschen für diese Sorge oder Angst empfänglich zu sein. Im Grunde beinhalten diese Aussagen die Annahme, der Hund würde seinen Menschen in Frage stellen und gegen ihn arbeiten wollen.

Um zu verstehen, warum das nicht so ist, ist wichtig zu wissen: Verhalten entsteht nicht im luftleeren Raum. Verhalten dient der Anpassung an das aktuelle Lebensumfeld. Es gibt immer auslösende Bedingungen für Verhalten. Dazu zählen gesundheitliche Faktoren, genetische Veranlagung, Stressbelastung, Frustrationsbelastung, Lernerfahrungen, hormoneller Zustand, Erregungslevel, Präsenz von Auslösern und so weiter. Verhalten verfolgt ein Ziel, es hat einen Zweck, soll eine Funktion erfüllen. Es gibt aus Hundesicht immer gute Gründe für das eigene Verhalten, auch wenn es aus Menschensicht nicht immer nachvollziehbar ist oder gefällt.

> Es gibt immer gute und nachvollziehbare Gründe für ein Verhalten des Hundes, auch, wenn dies dem Menschen nicht gefällt.

Verhalten dient dazu, das eigene Wohlbefinden zu erreichen und zu sichern und eigene Bedürfnisse zu befriedigen. Alle Säugetiere sind sich hier sehr ähnlich. Hunde registrieren, ob das gezeigte Verhalten dazu führt, das eigene Wohlbefinden zu erreichen und zu sichern, Bedürfnisse dadurch erfüllt werden oder eben auch nicht. Das Verhalten wird dann angepasst. Diesen Vorgang nennt man Lernen. Was Hunde nach heutigem Wissen von Menschen unterscheidet, ist die Fähigkeit der bewussten Reflektion des eigenen Verhaltens und wie es auf andere wirkt. Und damit auch der bewusste Einsatz von Verhalten, um ein Gegenüber bewusst und gegen dessen eigentlichen Willen zu einem bestimmten Verhalten zu bringen, zu manipulieren oder das Gegenüber in Frage zu stellen und zu ärgern. Anzunehmen, Hunde könnten beispielsweise Angst oder Krankheit vorspielen, um den Menschen zu beeinflussen, sich gegen den eigenen Willen für ihre Bedürfnisse entscheiden, ist aus meiner Sicht eine „Ver-

> **Hunde täuschen nicht bewusst ein Verhalten vor, um ihre Menschen zu manipulieren.**

menschlichung" des Hundes, während das Zugestehen von der Empfindungsfähigkeit von Schmerzen, Emotionen und Bedürfnissen auf einer wachsender breiten Basis von Wissenserkenntnissen von Biologen, Ethologen, Verhaltensforschern und anderen Wissenschaftlern beruht.

Natürlich kann ein Hund, der gerade Lust hat, Ball zu spielen, lernen, dass sein Mensch mit ihm spielt, wenn er ihm lange genug den Ball in den Schoß wirft, obwohl der Mensch eigentlich gemütlich Kaffee trinken möchte. Einfach, weil das Verhalten immer wieder dazu führt, dass der Hund erreicht, was er haben möchte. Das bedeutet aber nicht, dass er absichtlich und willentlich seinen Menschen ärgern und nerven möchte und austestet, wie weit er gehen kann. Es bedeutet lediglich, dass er gelernt hat: Wenn ich den Ball immer wieder in den Schoß werfe, spielt mein Mensch mit! Also wirft er den Ball in den Schoß des Menschen, wenn er Lust hat, mit ihm zu spielen. Hunde, die gerne spielen, können dabei sehr ausdauernd sein. Vermutlich wollte der Mensch seinem Hund dieses Verhalten nicht beibringen, und dennoch hat er es unbewusst verstärkt, indem er dann doch noch ir-

Bei Fenjo wurde das Verhalten „Mensch ausdauernd zum Ballspielen auffordern" unabsichtlich verstärkt. Nervig für den Menschen – aber sicher kein Fall von „Grenzen testen"!

gendwann mitgemacht hat. Somit bleibt es auch seine Verantwortung, sich einen Weg zu überlegen, wie der Hund lernen kann, zu erkennen, wenn sein Mensch nicht mitspielen möchte und das auch zu akzeptieren, ohne ihn ausdauernd zu belagern. Eine häufig empfohlene Lösungsstrategie ist es, das Verhalten des Hundes einfach zu ignorieren. Bei Hunden, die eine Zeit lang immer wieder durch dieses Verhalten erreicht haben, dass der Mensch mit ihnen spielt, führt dies häufig dazu, dass sie das Verhalten noch vermehrt zeigen und sehr aufdringlich werden können. Verhalten, das immer funktioniert hat und plötzlich nicht mehr funktioniert, wird zunächst vehementer gezeigt. Darin zeigt sich der Frust, dass dieses Verhalten plötzlich nicht mehr klappt. Und es wird sichtbar, dass der Hund keine Idee hat, was er stattdessen tun könnte. Dies wird schnell als frech, aufmüpfig, dominant, grenzüberschreitend vom Menschen gedeutet, dabei handelt es sich schlicht um Löschungstrotz, also Lernverhalten und hat nichts damit zu tun, dass der Hund mal ausprobieren möchte, wie weit er gehen kann.

> Hunde „testen keine Grenzen".
> Hunde lernen, was sich für sie lohnt!

Ein Hund, der entgegenkommende Menschen anknurrt, weil er sich vor ihnen ängstigt, sich bedrängt oder bedroht fühlt, möchte mehr Abstand zum fremden Menschen haben. Dies teilt er durch Knurren mit, wenn seine vorausgegangenen unscheinbareren körpersprachlichen Signale bis dahin nicht beachtet wurden. Das ist im biologischen Normalprogramm des Hundes so angelegt. Der Hund wird nun oder im Verlauf lernen, ob Knurren dazu führt, dass sich die Distanz zum fremden Menschen erhöht oder zumindest nicht weiter verringert oder ob Knurren nicht dazu führt. Er wird nicht darüber nachdenken, dass sein Verhalten seinem Menschen peinlich ist, weil sich das nicht gehört und er nicht unangenehm auffallen möchte. Und testet es dann auch nicht erneut, um zu prüfen, wie weit er gehen kann, bis sein Mensch das nicht mehr ertragen kann. Der Hund will es auch nicht für seinen Menschen regeln, sondern für sich selbst. Der Hund macht macht entweder die Lernerfahrung, dass Knurren Distanz zu einem Menschen schafft, der ihm Angst macht, oder dass es nichts daran ändert, dass dieser Mensch da ist oder gar näher kommt. Und diese Lernerfahrung wird sein zukünftiges Verhalten beeinflussen. Wenn nun sein Halter dafür sorgt, dass die Distanz zum fremden Menschen so bleibt, dass sie für ihn in Ordnung ist, wird das Verhalten Knurren nicht gezeigt und es wird eine sehr gute Grundlage geschaffen, mit dem Hund zu erarbeiten, dass er fremde Menschen nicht mehr als bedrohlich einstuft und dann auch im weiteren Trainingsverlauf an ihnen vorbeigehen zu können.

Ein Hund, der sofort zu bellen beginnt, wenn sein Mensch die Wohnung verlässt und ihn allein zuhause lässt und dabei dauerhaft bellt oder Sachen zerstört, hat Trennungsschmerz und versucht, seinen Bindungspartner zurückzurufen beziehungsweise seinen Stress abzubauen. Er fühlt sich allein, verlassen und weiß nicht, wie er wieder ins seelische Gleichgewicht kommen kann. Er hat schlicht noch nicht lernen können, entspannt alleine zu bleiben. Er will mit diesem Verhalten weder seinen Menschen kontrollieren noch Grenzen testen und braucht dringend die Unterstützung seines Menschen. Wenn der Mensch zurückkommt, solange der Hund bellt, wird der Hund merken, dass Bellen seinen Bindungspartner zurückbringt und dies möglichweise häufiger machen. Er will damit aber nicht den Menschen manipulieren, sondern sorgt für das eigene Wohlbefinden, für seine eigene Sicherheit. Er möchte sich handlungsfähig fühlen, um seine eigene Befindlichkeit beeinflussen und die Situation bewältigen zu können. Auch hier wird häufig empfohlen, das Bellen zu ignorieren. Wenn das Bellen für den Hund eine entlastende Funktion hat, ihm hilft, seinen Trennungsstress besser ertragen zu können, wird das Ignorieren des Bellens durch den Menschen nicht dazu führen, dass der Hund zukünftig nicht mehr bellen wird – weil das Bellen für ihn eine entlastende Funktion erfüllt und dazu führt, dass er ein bisschen Druck loswerden kann. Wenn das Bellen keine entlastende Funktion hat und den Bindungspartner nicht zurückbringt, kann das dazu führen, dass der Hund nicht mehr bellt. Für diesen vermeintlichen Erfolg zahlt der Hund einen hohen Preis. Es ist für den Hund enorm frustrierend, belastend und führt nicht dazu, dass das Alleinebleiben für den Hund einfacher wird, im Gegenteil. Es kommt noch dazu, dass der Hund auch noch seiner Bewältigungsstrategie beraubt wird. Vielleicht beginnt er statt des Bellens Dinge zu zerstören oder Stresspippi in der Wohnung zu machen, was das „Problem" auch für den Menschen nur verlagert. Vielleicht resigniert er, stellt alle Aktivitäten zum Stressabbau ein und der gesam-

te Stress bleibt im Inneren des Hundes, was nach einer gelungenen „Problemlösung" aus Sicht des Menschen aussehen kann, für den Hund aber mit einer hohen Stressbelastung einhergeht und langfristig sogar krank machen kann. Wenn das Bellen als Signal des Hundes verstanden werden kann, dass er mit der Situation nicht zurechtkommt, ist der Gedanke, ihm hier unbedingt eine Grenze setzen zu müssen, weit weg. Und der Blick wird frei für die Frage, wie der Hund unterstützt werden kann, um das Alleinebleiben zukünftig entspannt bewältigen zu können.

> Hunden, die sich unerwünscht verhalten, wird oft eine Absicht oder ein Streben nach Kontrolle ihrer Menschen unterstellt. Dieser Blickwinkel ist nicht zielführend! Fragen Sie sich stattdessen: Was sind die Gründe für sein Verhalten?

Wenn ein Hund ein Signal, das bereits geübt wurde und in bestimmten Situationen auch abrufbar ist, nicht ausführt, interpretieren Menschen dies schnell so, dass er seine Grenzen testet, einfach keinen Bock hat oder gar dominant ist. Dahinter steckt die Annahme, dass Hunde ein Bedürfnis hätten, sich gegenüber ihrem Menschen zu erheben oder wie oben schon beschrieben bewusst gegen den Willen des Menschen aktiv entscheiden. Die weitaus näherliegende Erklärung ist, dass das Signal nicht kleinschrittig und zuverlässig etabliert wurde und/oder noch nicht ausreichend generalisiert wurde und somit bei hoher Erregungslage des Hundes oder bei Ablenkungen noch nicht gezeigt werden kann. Hunden fällt es schwer, Verhalten zu generalisieren. Manchmal hat sich vielleicht auch beim Training der ein oder andere Fehler oder Schlendrian eingeschlichen. Auch gesundheitliche Faktoren können eine Rolle spielen, wenn es mal nicht funktioniert. Vielleicht klappt der Rückruf schon sehr gut, wenn Menschen oder Hunde entgegenkommen, aber beim flüchtenden Reh eben noch nicht. Sitz geht bei Läufigkeit plötzlich weniger gut als außerhalb der Läufigkeit. Oder bei einer Hundebegegnung ist ein Hund körperlich noch so angespannt, dass er sich nicht gut setzen kann, weil die Muskulatur noch so fest ist, dass das schwer fällt. Die Umorientierung zum Menschen klappt gut, wenn ein entgegenkommender Mensch noch dreißig Meter entfernt ist, aber in zehn Meter Entfernung noch nicht, weil die Erregung da noch viel zu hoch ist.

Wenn ein Hund nicht gehorcht, ist das eine wichtige Information für den Menschen, wo noch weiterer Trainingsbedarf besteht.

Könnte es auch ganz anders sein?

Eine andere Betrachtungsweise ist es, davon auszugehen, dass das Verhalten eines Hundes immer einen guten Grund, eine aus Hundesicht logische Ursache, einen biologisch sinnvollen Hintergrund hat. Wie oben bereits erwähnt entsteht Verhalten nicht im luftleeren Raum. Es gibt auslösende Bedingungen für Verhalten und Verhalten hat eine Konsequenz, es hat Erfolg oder auch keinen Erfolg. Die auslösenden Bedingungen führen dazu, dass Verhalten gezeigt wird. Ob das gezeigte Verhalten Erfolg oder Misserfolg zur Folge hat, beeinflusst wiederum, ob das Verhalten in Zukunft mit einer größeren Wahrscheinlichkeit häufiger oder seltener gezeigt wird.

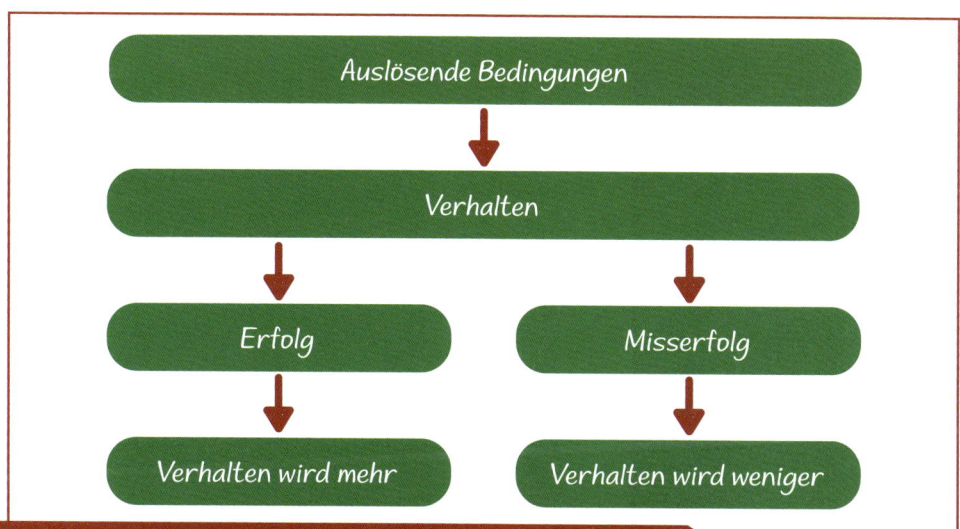

Verhalten entsteht nicht im luftleeren Raum. Es wird bestimmt durch auslösende Bedingungen und die Konsequenzen, die es für den Hund hat.

Mit einer solchen Herangehensweise wird es möglich, zu erforschen, welche auslösenden Faktoren für das Verhalten bestehen. Im ersten Schritt ist es sinnvoll, wenn das Verhalten des Hundes zunächst sachlich und wertungsfrei beschrieben wird. Eine Beschreibung enthält noch keine Deutungen und Interpretationen, sondern nur das, was konkret beobachtbar ist. Ein gutes Bild dafür ist die Vorstellung, das zu beschreiben, was man auf einem Bild oder einer aufeinanderfolgenden Bilderserie sehen kann. Wenn wir konkrete Beobachtungen beschreiben, bleibt unser Blick offener für mehrere Deutungen, warum das so passiert ist.

> Um den Grund für ein Verhalten auf die Spur zu kommen, beschreiben Sie es zunächst neutral, ohne Wertung und Interpretation.

Wenn ein Hund beim Kuscheln (plötzlich) zuschnappt, könnte die Beschreibung so aussehen: „Wir haben friedlich gekuschelt, der Hund hat das genossen und plötzlich aus dem Nichts heraus zugebissen. Da muss jetzt echt was passieren, so ein freches, respektloses und unberechenbares Verhalten darf man keinesfalls akzeptieren." Oder die Beschreibung kann so lauten: „Mein Hund lag neben mir, ich habe ihn mit der rechten Hand gestreichelt, erst am Bauch, dann am Rücken. Mein Hund hat alle vier Pfoten in die Luft gestreckt und die Augen geschlossen. Als meine Hand dann am Kopf gestreichelt hat, hat er den Kopf rumgerissen und meine Hand in den Fang genommen, den Fang wieder zu-

gemacht und nach fünf Sekunden wieder aufgemacht. Auf meiner Hand waren leicht erkennbare Zahnabdrücke, aber keine Verletzung der Hautoberfläche zu sehen."

Mit dieser Beschreibung wird deutlich, dass es beobachtbare Körpersignale gab, die darauf hindeuten, dass der Hund das Kuscheln zunächst entspannt genießen konnte, bis die Hand am Kopf ankam. Erst dann erfolgte eine schnelle Körperaktion, eine Abwehrreaktion. Diese plötzliche Reaktion des Hundes deutet auf einen schnellen emotionalen Umschwung beim Hund hin, wie ihn Schreck- und Schmerzreaktionen mit sich bringen. Also kann von da aus weiter überlegt werden: ist es schon häufiger vorgekommen, dass der Hund mit Erschrecken auf eine Annäherung mit der Hand im Kopfbereich reagiert hat? Könnte es sein, dass der Hund Schmerzen hat, Zahnweh, Ohrenweh, Augenprobleme? Wenn eine Untersuchung beim Tierarzt dann eine Ohrenentzündung ergibt, hat die Berührung der Hand im Ohrbereich plötzliche Schmerzen ausgelöst, die zur Reaktion des Schnappens geführt hat. Eine sofortige Behandlung der Ohrenentzündung verändert die auslösenden Bedingungen für das Verhalten und kann dazu führen, dass es beim einmaligen Schnappen bleibt. Ein Hund, der noch nicht ganz stubenrein war und plötzlich wieder vermehrt reinpinkelt, könnte eine Blasenentzündung haben. Wird diese behandelt, kann das Training zur Stubenreinheit erfolgreich fortgesetzt werden.

> Verhalten hat immer gute Gründe- erforschen Sie die auslösenden Bedingungen für Verhalten.

Wenn Hundebegegnungen problematisch sind, kann es helfen, anfangs sehr kleinschrittig mit viel Distanz zum Auslöser (fremder Hund) zu trainieren. Das Ergebnis kann dann so entspannt aussehen wie hier.

Ein Tierschutzhund aus dem Ausland, der neu eingezogen ist, ist vielleicht durch die in Deutschland stark belebte Umwelt reizüberflutet, hat möglicherweise durch tägliche längere Gassigänge Muskelkater und ist durch die Einengung auf bestimmte Liegeplätze und eine kurze Leine draußen stark frustriert. Dies alles führt zu einer starken Grunderregung, die sich unter anderem draußen in heftigem Ziehen an der Leine zeigen kann. Kürzere Gassigänge in reizarmer Umgebung und eine Schleppleine am Brustgeschirr befestigt können Ab-

hilfe bringen, da Frustration verringert, der Hund körperlich und auch psychisch nicht überfordert wird und mehr zur Ruhe kommt, was zu einer entspannteren Grundlage für das Training führt.

Wenn ein unerwünschtes Verhalten dauerhaft auftritt, lohnt es sich, zu prüfen, wodurch es aus Hundesicht Erfolg hat. Im nächsten Schritt wird geprüft, ob und wie die Situation verändert werden kann, damit das Verhalten nicht immer wieder zum Erfolg führt. Ein Hund, der vor anderen Hunden Angst hat und diese deshalb auf Distanz halten will und dies durch Verbellen und/oder Anknurren auch erreicht und sich dadurch erleichtert fühlt, kann am Anfang eines Trainings so viel Distanz zum Auslöser erhalten, dass das Verbellen und Anknurren nach Möglichkeit nicht mehr auftritt. Damit wird das Bedürfnis des Hundes nach ausreichend Abstand und Sicherheitsgefühl erfüllt und sichergestellt, dass das aus Menschensicht unerwünschte Verbellen und/oder Anknurren sich nicht immer weiter festigt. Auf dieser Basis kann dann mit einem Trainingsplan erarbeitet werden, dass der Hund lernen kann, an anderen Hunden Schritt für Schritt auf immer kürzere angemessene Distanz entspannt vorbei zu gehen.

> Wenn ein Verhalten immer wieder gezeigt wird, suchen Sie nach dem Verstärker, der es immer wieder festigt!

Die Fragestellung wäre möglich, ob Signale und Erlerntes zwar schon ganz gut funktionieren, aber bei der Generalisierung noch Übungsbedarf besteht und wie das Verhalten zuverlässig bei steigenden Ab-

lenkungen und / oder steigender Erregung trainiert werden kann. Frei nach dem Zitat: Hunde zeigen immer, was man sie gelehrt hat. Wenn Verhaltensweisen als das Bestreben, eigene Bedürfnisse ohne Hintergedanken (alternativ als biologisches Normalverhalten) zu erfüllen begriffen werden, kann dies dem Menschen die Wut und den Frust nehmen, dass ein Hund das tut, um ihn zu ärgern oder zu hinterfragen.

Und ausgehend von einem solchen Blickwinkel stellt sich die Kernfrage: Können unerwünschte oder störende Verhaltensweisen eines Hundes nur über Einengung und Beschränkung des Hundes und gegebenenfalls durch aversive Trainingsmittel verändert werden? Oder gibt es auch andere Wege, um unerwünschtes Verhalten zu begrenzen und zu verändern? Diesen Kenntnissen und Fragen widmen sich die nächsten Kapitel des Buches.

> Überprüfen Sie auslösende und verstärkende Faktoren für das Verhalten Ihres Hundes und verändern Sie diese entsprechend. Dann ändert sich auch das Verhalten Ihres Hundes.

> Wenn der Hund beispielsweise auf Ihren Rückruf nicht hört, hat dies nichts mit Ihnen als Person oder dem Testen von Grenzen zu tun, sondern nur damit, dass Sie ihn noch nicht ausreichend in verschiedenen Situationen trainiert haben.

3. Braucht Zusammenleben Grenzen?

Im Zusammenleben von Hunden und Menschen kann es kaum ohne Regelungen gehen, wie es ja auch im Zusammenleben menschlicher Familien nicht ohne Übereinkommen von Abläufen und Umgangsformen gehen kann. Die Vorlieben und Bedürfnisse aller stehen im Raum und wollen miteinander abgeglichen werden. Friedliches, konfliktfreies Zusammenleben klingt viel einfacher, als es im Alltag häufig ist. Wenn sich die Bedürfnisse des Menschen und die des Hundes (stark) voneinander unterscheiden, entstehen schnell Konflikte.

Grenzen setzen sichert das eigene Wohlbefinden

Nehmen wir das Beispiel, dass ein Mensch es nicht mag, wenn der Hund auf dem Sofa liegt, weil er es unhygienisch findet. Sein Hund wiederum findet das Sofa als weichen, warmen, gemütlichen und schön nach Mensch duftenden Liegeplatz unwiderstehlich. Daraus entsteht ein Konflikt zwischen den Bedürfnissen des Hundes und den Bedürfnissen des Hundehalters, der irgendwie aufgelöst werden muss. Für eine Klärung gibt es immer mehrere Möglichkeiten.

Der Hundehalter nimmt für sich in Anspruch, sein Bedürfnis zu sichern und verbietet dem Hund, auf dem Sofa zu liegen. Das könnte er erreichen, indem er mit dem Hund schimpft, wenn dieser auf dem Sofa liegt oder gerade auf dem Weg zum Sofa ist. Er könnte ihn vom Sofa herunterziehen, etwas nach ihm werfen, wenn er auf dem Sofa liegt, etwas auf das Sofa legen, was ziept und pikst, wenn der Hund draufgeht und so weiter. Der Fokus dabei liegt auf einer Einschränkung des Hundes durch Einwirkungen, die für ihn unangenehm sind, ihn erschrecken oder ihm wehtun. Wenn der Hund nicht mehr auf das Sofa geht, ist das Bedürfnis des Menschen erfüllt, das Wohlbefinden des Menschen gesichert. Für den Menschen fühlt sich das gut an. Für den Hund bedeutet es Verlust – und möglicherweise bauen sich Ängste vor den Einwirkungen und/oder vor seinem Menschen auf.

Eine andere Herangehensweise wäre es, dass der Hund schlicht lernen darf, dass er woanders ebenfalls komfortabel liegen und einen Großteil der Bedürfnisse „warm, gemütlich, weich und schön nach Mensch duftend" befriedigen kann. Das kann direkt auf dem Boden am Sofarand sein, eine besonders gemütliche sonstige Liegestelle, ein direkt an das Sofa angestellter Sofahocker, den nur der Hund benutzt – oder was auch immer der jeweiligen Familie an kreativen Möglichkeiten einfällt. Wie gut der Hund die Alternativen annehmen kann, wird damit zusammenhängen, wie groß sein Bedürfnis nach dem Sofaplatz ist und wie gut die dazugehörigen Menschen es ihm beibringen, woanders liegen zu können und wie gut es ihnen gelingt, die Bedürfnisse des Hundes dabei zu berücksichtigen.

> Grenzen sind individuell und können für jedes Mensch-Hund-Team andere sein.

Sally liebt es, in der Nähe ihrer Menschen zu sein und sich dabei weich irgend-wo anlehnen zu können. Dieses Körbchen vor dem Sofa bietet das alles – und das Sofa bleibt frei und sauber.

Auch das ist eine Möglichkeit, den Bedürfnissen von Mensch und Hund Rechnung zu tragen: Hund glücklich, Sofa sauber!

Eine weitere Möglichkeit wäre, zu überlegen, wie sowohl das Hygienebedürfnis des Menschen erfüllt werden kann als auch das Bedürfnis des Hundes, auf dem warmen, weichen, nach Mensch riechenden Sofa liegen zu können. Zum Beispiel, indem man dem Hund eine Decke auf das Sofa legt und eine Inkontinenzauflage darunter, die das Polster vor Nässe, Haaren, Schuppen und Schmutz schützt. Oder es wird ein Körbchen mit hohem Rand auf das Sofa gestellt, in dem der Hund dann ruhen und schlafen kann und das Sofa geschützt wird.

Grenzen setzen aus Angst

Häufig erlebe ich Kunden, die Angst haben, ihre Hunde könnten aggressiv oder völlig unkontrollierbar werden, wenn sie jetzt nicht durchgreifen. Manchmal ist diese Sorge bereits da, bevor überhaupt ein Problem entstanden ist. Es reicht das Kopfkino, was passieren könnte oder vielleicht auch Vorerfahrungen mit einem früheren Hund oder einem Hund aus der Kindheit. Manchmal entwickeln sich diese Bedenken auch durch Mahnungen aus der Umwelt, von Trainern oder aus Büchern. Manchmal ist es auch die Sorge aus Unsicherheit, ob das überhaupt jemals was wird.

Bei Hundehaltern, deren Hunde Abwehrverhalten gegen Hunde und/oder Menschen zeigen, ist die Angst, dass das Abwehrverhalten richtig eskalieren wird, wenn sie nicht sofort deutlich durchgreifen, häufig sehr hoch. Sie möchten sich mit ihrem Hund sicher fühlen, die Gewissheit haben, dass kein anderes Lebewesen durch den eigenen Hund gefährdet ist. Wenn ein Hund Menschen aus der Familie mit Abwehrverhalten begegnet, ist die emotionale Belastung sehr hoch. Das Sicherheitsbedürfnis ist hier selbstverständlich groß und das Vertrauen wird beschädigt. Vor allem dann, wenn die Menschen sich nicht erklären können, warum der Hund gegen sie Abwehrverhalten zeigt. Und es ist wichtig, sich im Umgang mit dem eigenen Hund sicher fühlen zu können.

Auch hier dienen einschränkende Grenzen der Sicherung des Wohlbefindens des Menschen. Es ist vielen Hundehaltern ein sehr vertrauter Gedanke, Abwehrverhalten um jeden Preis in der Situation, in der es auftritt, zu unterbinden. Auch hier greift dann der Mechanismus, dass bereits gezeigtes Verhalten verhindert wird, anstatt zu überlegen, wie erreicht werden kann, dass der Hund für sich gar keinen Grund mehr sieht, Abwehrverhalten zu zeigen.

Ein Hund, der knurrt, wenn sich ein Mensch ihm während des Fressens annähert, sichert sich damit sein Essen. Er hat Angst, dass der Mensch ihm dieses vielleicht wegnehmen könnte. Ressourcensicherung gehört zum biologischem Normalverhalten des Hundes und kann vorkommen. Der betroffene Mensch reagiert vermutlich besorgt, ängstlich und ist vielleicht unsicher, wie er darauf reagieren kann. Daraus entsteht schnell der Wunsch, dass sich diese Situation keinesfalls wiederholen darf. Kommt eine moralische Bewertung des Menschen hinzu, dass das Abwehrverhalten des Hundes ungehörig, frech, dominant oder unverschämt sei, entstehen Ärger und das Gefühl, da mal wirklich durchgreifen zu müssen. Wird das Abwehrverhalten als normales Verhalten betrachtet, ist es leichter, einen Weg zu suchen, wie man es erreichen kann, dass der Hund dieses Verhalten nicht mehr zeigen wird. Es fällt Menschen dann leichter, sich auf schützende Managementmaßnahmen und auf eine Trainingsplanung einzulassen, die zum Ziel hat, dass der Hund lernen kann, dass er gar keinen Grund hat, Abwehrverhalten zu zeigen, wenn der Mensch sich seinem Fressen nähert.

> Betrachten Sie Abwehrverhalten des Hundes als normales Verhalten anstatt als Angriff gegen Sie. Das macht es leichter, Lösungen zu finden.

Immer wieder bringen Menschen ihren Hunden dieses Verhalten aber auch erst (selbstverständlich unbeabsichtigt) bei, und zwar durch präventiv gemeintes Training. Viele Hunde kennen die Übung, dass der Futternapf gefüllt wird und ihnen dann während des Fressens ein- oder mehrmals weggenommen wird. Die Hundehalter wollen dem Hund so beibringen, dass sie der Chef sind und über die Ressource Futter verfügen können. Oder sie möchten so erreichen, dass sie ihrem Hund auch mal was Fressbares wegnehmen können, falls mal etwas Gefährliches wie z.B. Glasscherben eins herabfallenden Glases in den Napf fällt oder der Hund unterwegs etwas Gefährliches aufnimmt. Viele Hunde lernen erst durch dieses vermeintlich präventive Training, dass ein Mensch, der sich beim Fressen nähert, bedeuten kann, dass sein Futter weggenommen wird bzw. sein Fressen unterbrochen wird. Für Hunde, die das stresst oder frustriert, wird die Annäherung des Menschen am Fressen mit unan-

genehmen Emotionen und Befürchtungen verknüpft – sie können auf Grund der Lernerfahrung mit Abwehrverhalten reagieren, um zu verhindern, dass das Futter wieder weggenommen wird. Bei Hunden, die diese oben beschriebene, leider falsche Art des „präventiven" Trainings gar nicht kennen, ist eine Abwehrreaktion sehr viel unwahrscheinlicher.

Auch in diesem Fall lohnt sich ein anderer Blickwinkel. Ein Hund, der mit Angst um sein Essen auf die Annäherung des Menschen reagiert, hat einen guten Grund, sein Futter zu verteidigen. Wenn dieser Hund nun lernen kann, dass ein sich annähernder Mensch zukünftig immer bedeutet, dass er noch etwas Tolles dazu bekommt, wird sich die Erwartungshaltung ändern. Es wird dann bald eine freudige Erwartung anstelle der Sorge und Angst eintreten und damit fällt der Grund für das Abwehrverhalten weg. Ganz ohne Abstrafen des aus menschlicher Sicht störenden und sogar gefährlichen Verhaltens.

Warum sollte sich denn der Mensch nach dem Hund richten?

Vielleicht schießt Ihnen jetzt sofort diese Frage durch den Kopf. Es kann doch nicht angehen, dass der Mensch sich nach dem Hund richtet! Warum sollte man sich da so viele Gedanken um die Bedürfnisse des Hundes machen, der kann sich doch anpassen! Vielleicht spüren Sie Widerwillen und Widerstand in sich aufsteigen. Immerhin ist der Mensch derjenige in der Mensch-Hund-Beziehung, der in unserer komplexen Welt für die Sicherheit des Hundes und des Umfeldes sorgen muss. Und es kann ja auch nicht angehen, dass der Mensch seine Bedürfnisse zurückschrauben muss, damit der Hund glücklich ist und dann vielleicht noch dem Menschen auf der Nase herumtanzt. Diese Gedanken und Empfindungen sind sehr nachvollziehbar.

Viele Menschen lernen von Kindesbeinen an, dass es in Beziehungen jemanden gibt, der bestimmt, wo es langgeht. Dieser hat die Macht, seine Bedürfnisse auch gegen die Bedürfnisse des anderen durchzusetzen. Eltern, Lehrer, Arbeitgeber, Vorstände, Pfarrer oder Ärzte geben vor, wo es langgeht und die Kinder, die Lernenden, die Arbeitnehmer, die Vereinsmitglieder, die Patienten haben sich schlussendlich zu fügen. Begründet wird es oft damit, dass die genannten Personen besser wissen, was für die ihnen anvertrauten Menschen gut ist, was sie lernen müssen und dass sie ja für das Leben in der harten Realität vorbereitet werden müssen. Viele Menschen lernen auch, Kompromisse zu machen, was bedeutet, ein paar Zugeständnisse zu bekommen und dafür wiederum auch welche zu machen. Dabei passiert es schnell, dass eigentlich niemand zufrieden ist, sondern ein etwas schales Gefühl zurückbleibt. Was in unserer Gesellschaft sehr unbekannt ist, ist die Idee, Lösungen für Konflikte zu suchen, die nach Möglichkeit die Bedürfnisse aller Beteiligten erfüllen können. Das Beispiel mit dem Sofaplatz ist eine solche Lösungsidee, die die Bedürfnisse des Menschen und des Hundes in den Blick nimmt. Vermutlich ist der Gedanke für viele Menschen ungewohnt und ungewöhnlich, dass es hilfreich und sinnvoll sein kann, Lösungen zu suchen, bei denen die Bedürfnisse aller Beteiligten möglichst umfänglich erfüllt werden.

Auch wenn diese Idee für uns Menschen zunächst oft fremd klingt, birgt sie viel Gewinn. Bedürfnisse gehören zum Leben von Menschen und Hunden dazu, sie sind eine wichtige Grundlage für Verhalten. Hunde und Menschen versuchen, sich ihre Bedürfnisse durch bestimmte Verhaltensweisen zu erfüllen. Bedürfnisse lassen sich genauso wie Emotionen nicht verbieten. Erfüllte Bedürfnisse schaffen Zufriedenheit, Ausgeglichenheit, Stabilität, Glück. Wenn wir unsere Hunde unterstützen, ihre Bedürfnisse zu erfüllen, und zwar mit Verhaltensweisen, die aus unserer Sicht erwünscht sind, erreichen wir mehrere sinnvolle und hilfreiche Ziele. Die Hunde lernen, dass ihre bevorzugte Verhaltensweise, um sich ein Bedürfnis zu erfüllen, nicht immer möglich sind, es aber

> Es lohnt sich, auch die Bedürfnisse des Hundes zu berücksichtigen – für beide Seiten.

Alternativen gibt, die sie ebenfalls von ihren Bezugspersonen erhalten können. Die Hunde erkennen, dass ihre Bezugspersonen sich um ihre Bedürfnisse kümmern – das schafft Vertrauen und Bindung. Es verbessert die Kooperationsbereitschaft, weil die Hunde wissen, dass von den Bezugspersonen angenehme Konsequenzen zu erwarten sind.

Erfüllte Bedürfnisse unterstützen nachhaltig dabei, dass Hunde es besser aushalten können, wenn dann auch mal ein Bedürfnis nicht erfüllt werden kann – weil der Bedürfnismagen quasi gut gefüllt und sichergestellt ist, dass er wieder gesättigt wird. Werden Bedürfnisse selten oder nie erfüllt und auch noch oft durch Verbote unterdrückt, hat der Bedürfnismagen immer großen Hunger, wird immer hungriger und unruhiger und es wird immer mehr Verhalten gezeigt, um den Hunger zu stillen. Aus meiner ganz persönlichen Sicht betrachte ich es als meine Verantwortung meinen Hunden gegenüber, auch in dieser Hinsicht für sie zu sorgen, genauso wie ich für eine gehaltvolle Fütterung und eine gute medizinische Versorgung sorge.

Es gibt sehr oft gute Wege, die Bedürfnisse des Menschen und die Bedürfnisse des Hundes in den Blick zu nehmen und zu erfüllen. Dafür braucht es manchmal ein bisschen Mut für individuelle und kreative Lösungen und Ideen. Dies lohnt sich auf alle Fälle, denn Grenzen setzen im Sinne von Verboten und einschränkenden Regelungen hat unter Umständen einen Preis.

Wirkung einschränkender Grenzen

Hinter einem bestimmten Verhalten, das ein Hund zeigt, steht ein bestimmtes Bedürfnis. Wenn Bedürfnisse nicht ausgelebt werden können, führt dies zu Frustration. Selbstverständlich gehört ein gewisses Ausmaß an Frustration zum Leben und es ist sicher auch nicht möglich und auch nicht das Ziel, Frustration immer zu vermeiden. Wie stark ein Hund durch eine Einschränkung frustriert wird, hängt zum einen damit zusammen, wie stark das Bedürfnis ist, das hinter dem begrenzten Verhalten steckt. Ein Hund, der sich gerne viel und schnell bewegt, bewegungsfreudig ist, wird durch eine Leineneinschränkung mit hoher Wahrscheinlichkeit frustrierter sein

als einer, der es liebt, gemütlich vor sich hinzutingeln und es erstrebenswert findet, auch beim Gassi häufig in der Nähe seines Menschen zu sein.

Zum anderen wird die Frustrationsbelastung steigen, je mehr Bedürfnisse durch Einschränkungen und Begrenzungen des Menschen nicht befriedigt werden können. Ein Hund, der zum Beispiel zuhause im Hausflur bleiben muss und lieber bei den Menschen sein möchte, draußen immer an der Leine gehen muss, obwohl er sich gerne schnell bewegt und rennen mag, nie ein geliebtes Mäuseloch ausbuddeln darf, nicht an Urinstellen oder anderen spannenden Stellen schnüffeln darf, nicht über Urinstellen markieren und danach scharren darf, wenig Hundekontakte haben darf, die ihm wichtig sind, für Essen immer vorher eine Leistung erbringen muss, nur dahin gehen darf, wohin der Mensch ihn schickt, nie Kuscheleinheiten oder Spieleinheiten mit dem Mensch einleiten darf und so weiter wird aller Wahrscheinlichkeit nach viel Frustration empfinden.

Hohe Frustration führt zu einer hohen Grunderregung und macht dadurch wahrscheinlicher, dass hyperaktives, jagdliches und/oder aggressives Verhalten ausgelöst werden kann. Diese Verhaltensweisen führen dann sehr schnell wieder dazu, dass der Ruf laut wird, diesem Hund mehr Grenzen zu setzen. Ein Teufelskreis.

Das Ausmaß der Frustration, die beim Hund durch einschränkende Regeln und Grenzen entsteht, hängt also von der Anzahl der Einschränkungen und der Stärke des Bedürfnisses ab, das dem Verhalten, das eingeschränkt werden soll, zu Grunde liegt.

Nora darf immer mal wieder ihre Passion ausleben und nach Herzenslust ein Mauseloch
ausbuddeln. Dann fällt es ihr auch leichter, auf
Aufforderung mal eins links liegen zu lassen,
wenn Buddeln gerade nicht möglich ist.

Viele (unnötige) Einschränkungen
führen zu Frustration, die sich aufstauen
und irgendwann Bahn brechen kann.

Gibt es allgemeingültige Grenzen?

Begegnen sich aber die Bedürfnisse des
Hundes und der Menschen, müssen keine Einschränkungen um ihrer selbst willen
aufgestellt werden, wie sie durchaus noch
in der Literatur empfohlen werden. Damit meine ich Regeln mit Allgemeingültig-
keitsanspruch wie „der Hund darf nicht auf
erhöhten Liegeplätzen liegen", „der Hund

darf nie etwas zu essen bekommen, bevor der Mensch etwas gegessen hat", „der Hund muss immer weichen, wenn er dem Menschen im Weg liegt", „der Hund darf nie vor dem Menschen zur Tür hinaus", „er muss immer hinter dem Menschen gehen" und so weiter. Diese Regelungen werden in der Literatur und Hundeausbildung häufig als sehr wichtig gewertet und mit einem guten und verlässlichen Gehorsam in Verbindung gebracht. Deshalb werden diese Regeln von manchen Trainern unabhängig vom Verhalten des Hundes grundsätzlich empfohlen, egal ob der Hund an der Leine zieht, viel bellt, Ressourcen verteidigt oder nicht alleine bleiben kann. Das Einhalten dieser Regeln wird häufig in Zusammenhang mit der Idee von Rangordnung zwischen Mensch und Hund als grundsätzlich für jedes Mensch-Hund-Team essenziell betrachtet.

Hier möchte ich nochmals das Beispiel mit dem Sofa aufgreifen, um zu schauen, ob es sinnvoll ist, Hunden generell erhöhte Liegeplätze zu verbieten. Alle genießen es, gemeinsam auf dem Sofa zu kuscheln – dann darf das auch gelebt werden, solange niemand Drittes geschädigt wird. Hier ist es nicht sinnvoll und nötig, eine einschränkende Regelung aufzustellen. Hier gibt es dann eine erlaubnisgebende Regel, dass der Hund jederzeit auf das Sofa gehen darf. Menschen und Hund sind glücklich und zufrieden. Gemeinsame Qualitätszeit auf dem Sofa stärkt die Beziehung zwischen Mensch und Hund und beeinträchtigt den Gehorsam draußen beim Gassi nicht.

Wenn es einem Hund auf dem Sofa jedoch viel zu schnell warm wird, wird dieser durch die Erlaubnis, auf das Sofa kommen zu dürfen, nicht zwingend glücklich werden. Schon gar nicht, wenn er auf dem Sofa ausharren soll, weil die Menschen gerne noch die Sofakuschelzeit mit ihm genießen mögen. Dieses Beispiel macht nochmal sehr deutlich, dass Regelungen, die für alle Mensch-Hund-Familien gelten sollen, nicht sinnvoll und hilfreich sind, sondern immer individuell festgelegt werden können, weil sowohl die Bedürfnisse der Hunde als auch die der Menschen eben unterschiedlich sind.

Wenn ein Hund auf dem Sofa liegt und bei plötzlichen Berührungen des Menschen mit Abwehrverhalten reagiert, ist es sinnvoll, die Situation so zu verändern, dass der Hund das Verhalten nicht immer wieder zeigen muss und der Mensch gefahrlos und sicher auf seinem Sofa sitzen kann.

Müssen Hunde wirklich immer hinter ihrem Menschen gehen? Es gibt mit Sicherheit Exemplare, die gerne gemütlich durch die Gegend tingeln und schnüffeln. Für diese Hunde stellt es keine große Belastung dar, hinter ihrem Menschen zu gehen. Sie bieten es vielleicht sogar von selbst an, weil es ihrem eigenen Tempo entspricht und der Mensch eine schnellere Grundschnelligkeit hat. Ein Hund, der jedoch gerne hin- und herflitzt, vor und zurück, gerne rennt und springt, mit anderen Worten sehr bewegungsfreudig ist, muss sehr viel Impulskontrolle aufbringen, wenn er immer hinter seinem Menschen gehen soll. Für den Hundehalter hat es außerdem einen großen Vorteil, wenn sein Hund vor ihm läuft: er kann die Körpersprache seines Hundes zu jedem Zeitpunkt lesen, weil er ihn vor Augen hat und kann somit viel besser situationsgerecht aktiv werden.

Mut zu individuellen Lösungen

Die bisherigen Überlegungen sollen kein Plädoyer dafür sein, dass es für das Zusammenleben zwischen Mensch und Hund keinerlei Regelungen bedarf und Hunde all ihre Bedürfnisse grundsätzlich frei ausleben dürfen müssen und der Mensch zurückzustecken hat. Es braucht im Zusammenleben zwischen Hund und Mensch ein Übereinkommen, was erlaubt ist und was nicht, welches Verhalten wann erwünscht ist, welche Bedürfnisse des Hundes frei ausgelebt werden können und welche nicht.

Diese Abwägungen finden auf der Grundlage statt, dass Hunde in unserer komplexen Welt auch geschützt werden müssen, manche Verhaltensweisen für die eigene Familie, Mitmenschen, andere Tiere oder gar den Hund selbst gefährlich sind und deshalb Sicherheit für alle Beteiligten wichtig ist. Natürlich müssen auch die Bedürfnisse des Hundes und seines Halters gegeneinander abgewogen werden.

Hunde, die sofort aus dem Kofferraum springen, wenn dieser geöffnet wird, leben gefährlich, wenn sie dabei direkt in das nächste Auto rennen. Es ist sinnvoll, den

Fenjo hat gelernt, im Kofferraum zu warten, bis er zum Aussteigen aufgefordert wird.

Hunden das Warten auf ein Freigabesignal beizubringen. Oder der Hund wird im Auto angeschnallt oder fährt in einer Box, wo das Öffnen der Tür dosierter möglich ist als beim Kofferraum. Hunde, die grundsätzlich jedem Fahrrad hinterherrennen, gefährden das Wohlbefinden und die Sicherheit von Mitmenschen. Diese Hunde müssen zur Sicherheit angeleint bleiben, auch wenn ihr Bewegungsradius dadurch eingeschränkt wird. Hunde müssen nicht im Bett oder auf dem Sofa schlafen, wenn der eigene Halter das eklig findet, dürfen es aber, wenn die Menschen das lieben.

Wenn ein Hund, während er schläft, auf plötzliche Berührungen durch Menschen mit Abwehrverhalten reagiert, ist es ratsam, dass dieser Hund nicht auf dem Sofa oder im Bett schlafen darf. Es kann sinnvoll sein, dass ein Hund lernt, zwei oder drei Meter von der Futterstelle entfernt zu warten, bis der Napf auf dem Boden steht. Zum Beispiel, wenn er sonst aufgeregt zwischen den Beinen des Menschen herumspringen würde und die Gefahr besteht, dass dieser stürzt. Ein Hund, der ruhig mit seinem Menschen zum Futterplatz geht und ruhig wartet, bis der Napf am Boden

Ben hat gelernt, in einem kleinen Abstand zum Futterplatz zu bleiben, bis der Napf auf dem Boden steht.

steht, braucht nicht zwingend Sitz zu machen. Wenn direkt vor der Haustür oder Gartentüre ein Fußweg entlangführt, ist es sinnvoll, dass Hunde nicht vor dem Menschen aus der Tür rennen dürfen. Wenn sich dort aber ein umzäunter Vorgarten befindet, kann es durchaus entspannend sein, wenn die Hunde mit ihrer Vorfreude zuerst hinausrennen dürfen und der Mensch in Ruhe seine Tür zumachen und abschließen kann.

Es ist also sinnvoll und notwendig, Regelungen für das gemeinsame Zusammenleben zu finden – immer da, wo es der Sicherheit des Hundes und/oder der Menschen dient. Und selbstverständlich auch in Abwägung mit den Bedürfnissen des Menschen. Aber es lohnt sich, drüber nachzudenken, wie viele einschränkende, Grenzen setzende Regeln es für das individuelle Mensch-Hund-Team braucht, wie viele erlaubnisgebende Regeln es für das

individuelle Mensch-Hund-Team geben kann und wo kreative Lösungen möglich sind, die die Bedürfnisse von Mensch und Hund optimal unter einen Hut bekommen.

> Regeln sind sinnvoll und nötig.
> Sie können aber für jeden anders sein.

Berechenbarkeit ist wichtig

Ganz wichtig ist es auch, dass Regeln, die aufgestellt werden für den Hund berechenbar und einschätzbar sind. Es ist für einen Hund nicht nachvollziehbar, wenn er ein Mal auf dem Sofa schlafen darf und ein anderes Mal dafür bestraft wird. Ein Hund, der nie weiß, ob er ein Verhalten zeigen darf oder nicht, gerät durch diese Erwartungsunsicherheit in einen enorm hohen Stress – mit all den bekannten möglichen Nebenwirkungen. Wenn es für den Men-schen wichtig ist, dass der Hund manchmal auf das Sofa darf und manchmal nicht (zum Beispiel, weil der langhaarige Hund gerade pitschnass ist), kann der Hund zum Beispiel lernen, dass er immer dann auf das Sofa darf, wenn auf dem Sofa eine bestimmte Decke liegt. Wenn diese Decke nicht da liegt, ist das Sofa gerade nicht erlaubt. Auch das ist eine klare Regelung und für den Hund sicher einschätzbar.

Das wiederum sagt aber nichts darüber aus, wie viele Regeln für das individuelle Mensch-Hund-Team sinnvoll sind und wie viele davon einschränkende/begrenzende Regeln sind und wie viele aus der Erlaubnis bestehen, die Bedürfnisse ausleben zu können oder wo man eben gute Kompromisse findet. Darüber schreibe ich in einem der nächsten Kapitel noch ausführlicher.

> Berechenbare Regeln schaffen
> Sicherheit für alle Beteiligten.

Wenn Hunde Fahrräder jagen, müssen sie zur Sicherheit aller Beteiligten an die Leine, bis sie ein anderes Verhalten gelernt haben.

4. Muss der Mensch nicht Chef sein und deshalb Grenzen setzen?

Immer noch geistert das Konzept von Dominanz und Rangordnung durch die Hundeerziehungswelt. Es wird die Behauptung aufgestellt, dass Hunde untereinander wie ihre Vorfahren, die Wölfe, eine Rangordnung hätten und deshalb der Mensch im Verhältnis Mensch-Hund die Alpharolle übernehmen müsse.

Gibt es so etwas wie Rangordnung zwischen Mensch und Hund?

Der Ursprung der Forschung zu Rangordnungen bei Tiergruppen liegt in der Erforschung des Sozialgefüges bei Hühnern. Das Ergebnis dieser Forschung, dass Hühner eine feste Hackordnung haben, wurde zunächst als Hypothese auf das Zusammenleben anderer Tierarten übertragen. Unter diesem Blickwinkel wurden dann von Forschern Wölfe beobachtet und festgestellt, dass in Wolfsgruppen eine Rangordnung besteht. Die damals erforschten Wolfsgruppen wurden von Menschen zusammengestellt und lebten in Gehegen. Die aus diesen Forschungen gewonnen Kenntnisse wurden dann zum einen auf das Zusammenleben von Hunden übertragen, zum anderen wurde das Konzept der Rangordnung viele Jahre auch noch auf das Zusammenleben zwischen Mensch und Hund übertragen und als Grundlage für die Erziehung und Ausbildung von Hunden genommen. Dabei gibt es in dieser Übertragung ein paar hinterfragenswerte Unklarheiten:

Leben in Gefangenschaft und Leben in freier Wildbahn unterscheiden sich wesentlich voneinander. Wir würden zur Erforschung und Erklärung normalen menschlichen Sozialverhaltens auch nicht gerade das Verhalten von Menschen in Gefängnissen, bei Big Brother oder im Dschungelcamp heranziehen. Was nicht ausschließt, dass man in diesen besonderen Lebenslagen sehr wohl mögliches menschliches Verhalten unter Extremsituationen erforschen kann, aber eben nicht das normale Verhalten unter den normalen Lebensbedingungen. So haben auch viele Forscher mittlerweile Wölfe in ihrem natürlichen Lebensraum erforscht und deren Sozialgefüge beschrieben. Federführend in dieser Forschung war der Amerikaner David Mech. Mittlerweile ist bekannt, dass in freier Wildbahn Elterntiere mit ihren Jungtieren zusammenleben. Die Elterntiere umsorgen ihren Nachwuchs, weil das Überleben zur Arterhaltung wichtig ist. Sie zeigen ihnen, wie sie überleben können, wie sie zu Nahrung kommen und wie sie möglichst konfliktfrei und verletzungsfrei in ihrem

> Die Ideen von Rangordnung und Alphaposition stammen aus der Beobachtung von Gehegewölfen und sind nicht auf die Mensch-Hund-Beziehung übertragbar.

Sozialverband zurechtkommen. Dauernde Rangordnungskämpfe kommen nicht vor, das Jungtier strebt auch nicht an, den Rang der Elterntiere einzunehmen. Werden die Wölfe erwachsen, ziehen sie quasi aus und gründen eigene Familien. Dass Wölfe und Wildhunde in Gehegen Rangordnungen bezüglich Futter und Fortpflanzung gebildet haben, war die Folge der zusammengewürfelten Gruppe nicht verwandter Tiere und die fehlenden Abwanderungsmöglichkeiten durch die vom Menschen hergestellte Gefangenschaft und somit eine Ausnahmesituation.

Die Übertragung der Rangordnung bei Gehegewölfen auf das Zusammenleben zwischen Menschen und Hunden ist eine spannende Erscheinung. Mensch und Hund gehören zwei unterschiedlichen Arten an. Sie verfolgen meist nicht dieselben Interessen, konkurrieren weder um Futter noch um Sexualpartner. Hunde wissen, dass Menschen keine Artgenossen sind. Und im Zusammenleben von Hunden geht es in den sozialen Beziehungen auch nicht darum, auf Signal Sitz zu machen, anständig an der Leine zu gehen oder zuverlässig auf Rückruf zu kommen, sondern in erster Linie um sexuelle und Futterkonkurrenz.

> Es gibt keine Rangordnung zwischen Mensch und Hund, weil Menschen keine Hunde sind.

Menschen haben sich im Lauf der Zeit viel Wissen über Lernvorgänge angeeignet. Die elementaren Lernvorgänge der klassischen und operanten Konditionierung sind gut erforscht und immer wieder wissenschaft-

lich bestätigt worden. Die Forschung über Lernen ist nie stehengeblieben. Die Erkenntnisse der klassischen und operanten Konditionierung haben ihre Gültigkeit bis heute behalten, auch wenn weitere Erkenntnisse dazu kommen, die sie erweitern und ergänzen, aber nie ersetzt oder als unwahr bewiesen haben.

Menschen wollten ursprünglich wissen, wie Menschen lernen. Dies haben sie an Säugetieren wie Ratten, Affen und auch Hunden erforscht, um Erkenntnisse für Lernvorgänge beim Menschen zu gewinnen. Biologisch gesehen gehören Menschen und Hunde zur Gruppe der Säugetiere. Es gibt im Stoffwechsel, der Gehirnstruktur und den Lernvorgängen so viele große Ähnlichkeiten, dass tierische Säugetiere für die Forschungsprojekte mit dem Ziel, Erkenntnisse für Menschen zu erhalten, herangezogen werden. Auch in der medizinischen und kosmetischen Forschung ist es üblich, Produkte zunächst an Tieren zu testen, ob sie an Menschen angewandt werden können. Insofern stellt es keinesfalls eine Vermenschlichung der Hunde dar, wenn wir dieses Wissen um Lernvorgänge für unsere Hunde nutzen, statt uns auf veraltete Rangordnungserklärungen oder Dominanzerklärungsmodelle zu berufen. Auch die emotionale Empfindungsfähigkeit wird in der Forschung von Biologen und Ethologen immer häufiger beschrieben. Auch hier bestehen hohe Übereinstimmungen, was es uns Menschen wiederum leichter machen kann, unsere Hunde zu verstehen und uns in sie hineinzuversetzen.

Menschen sind in der Lage, diese Erkenntnisse einzusetzen, eigenes Handeln zu re-

Wenn Hunde miteinander kommunizieren, lösen sie bei ihrem Gegenüber Emotionen aus, die wiederum Grundlage für ihre Reaktionen sind.

flektieren und haben es somit nicht nötig, sich daran zu orientieren, wie Hunde bzw. Wölfe miteinander umgehen. Wenn eine Mutterhündin ihren Welpen maßregelt, also anknurrt, bedroht, anrempelt und der Welpe sich dann auf den Rücken legt, macht der Welpe dies, weil er das Verhalten der Mutter als unangenehm und/oder schmerzhaft und/oder erschreckend empfindet. Im Übrigen dreht sich der Welpe dann aktiv auf den Rücken und wird nicht von der Mutter auf den Rücken gedreht. Er unterlässt dann wahrscheinlich das gemaßregelte Verhalten zukünftig, weil er Angst hat, dass ihm das wieder passiert.

Wenn Hunde sich um eine Ressource streiten, knurren oder sich gar einen Kampf mit Verletzungen leisten, dann ist Drohen für den Adressaten unangenehm, Wunden tun weh und es wird Angst und Wut mit im Spiel sein. Für den Hund, der die Ressource behalten kann, hat sich das Droh- bzw. Abwehrverhalten gelohnt und die Wahrscheinlichkeit, dass er diese Verhaltensstrategie wieder einsetzen wird, ist gestiegen. Der Hund, der die Ressource verloren hat, wird nächstes Mal eine ähnliche Situation mit demselben Gegenüber unter Umständen meiden, weil er Angst hat, wieder verletzt zu werden. Bei

Ressourcen kann man auch beobachten, dass ein Hund einen anderen am Fressen durchaus vertreibt, seinen Liegeplatz aber dem anderen abtritt. Die Wichtigkeit der Ressource entscheidet darüber, ob sie verteidigt wird, nicht eine Position in einem Rangordnungsgefüge. Dies sind Lernvorgänge durch klassische und operante Konditionierungsprozesse und hat zunächst nichts mit einer Rangordnung zu tun. Intensiver werden diese Lernvorgänge später im Buch noch beschrieben.

Da wir Menschen das Wissen über Lernvorgänge haben, haben wir die Wahl, ob wir für unsere Hunde Trainingswege gehen möchten, die aversiv sind und damit über unangenehme, angsteinflößende oder schmerzhafte Konsequenzen wirken und Vertrauen zum Menschen schädigen können oder ob wir in der Erziehung und im Training andere Wege gehen wollen. Dass es diese Trainingswege gibt, ist bekannt und sie werden auch in den unterschiedlichsten Bereichen schon erfolgreich eingesetzt. Es ist auch nicht schwieriger, sich das Wissen anzueignen, wie erwünschtes Verhalten beim Hund aufgebaut werden kann, als zu lernen, wie man unerwünschtes Verhalten unter Beachtung der Regeln der Lerntheorie unterbinden kann. Zumal letzteres nicht nur hochkomplex, sondern auch wenig fehlertolerant ist.

Menschen müssen sich im Grunde auch überhaupt keine Gedanken darüber machen, ob sie ausreichend Grenzen setzen, um Chef zu sein. Gerne möchte ich Sie anregen, mit mir darüber nachzudenken, in wie vielen Bereichen des täglichen Miteinanders der Hundehalter ohnehin schon über die Belange des Hundes bestimmt.

Wo bestimmt der Mensch, ohne sich dessen immer bewusst zu sein?

In aller Regel bestimmt der Mensch, wann der Hund etwas zu essen bekommt, ob es eine oder mehrere Mahlzeiten am Tag gibt und mit welchem Futter der Napf gefüllt ist. Der Mensch entscheidet, wann und wie oft Gassi gegangen wird, wie lange die Gänge dauern, was auf den Spaziergängen gemacht wird, wie häufig der Hund zusätzlich zum Lösen rausdarf und wo er sich lösen darf. Auch, wohin die Spaziergänge führen, ob der Hund frei laufen oder an der Leine gehen muss, ob er an kurzer Leine oder mit Schleppleine geführt wird, ob er an einem Halsband, einer Kette, mit Halti, mit Brustgeschirr geführt wird, ob er unterwegs zu anderen Hunden Kontakt haben darf, entscheidet meist der Mensch.

Der Mensch entscheidet darüber, welche Beschäftigungsmöglichkeiten er dem Hund anbietet, wann und wie oft diese angeboten werden. Die Beschaffenheit und den Ort der Liegeplätze sucht der Mensch aus. Der Mensch entscheidet auch, wann und wie lange geruht werden soll. Auch darüber, wer alles im Haushalt leben soll, entscheidet der Mensch (Katzen, weitere Hunde, Kinder). Und ob der Hund in der Stadt leben wird oder auf dem Dorf entscheidet ebenfalls der Mensch.

Der Mensch entscheidet darüber, wohin der Hund mitgehen soll (Restaurant, Stadtbummel, zur Arbeit) oder ob und wie lange er alleine zuhause bleiben soll, ob er mit in den Urlaub fährt oder in dieser Zeit von anderen Menschen betreut werden soll.

Der Mensch entscheidet, wann er mit seinem Hund zum Tierarzt geht, welche Behandlungen durchgeführt werden, ab welchem Zeitpunkt Schmerzmittel gegeben werden und nicht zuletzt in sehr vielen Fällen auch über den Zeitpunkt des Todes.

Und der Mensch entscheidet in aller Regel darüber, ob ein Hund kastriert wird oder nicht und ob er sich fortpflanzen darf oder nicht.

Der Mensch hat die Möglichkeit, nahezu alles im Leben seines Hundes zu bestimmen. Hierbei kann jeder Hundehalter sehr achtsam damit umgehen, was der eigene Hund braucht, welche Bedürfnisse er hat und womit er sich wohlfühlt. Genauso gut kann der Hundehalter seine Bedürfnisse und Anforderungen in den Vordergrund stellen, denen sich der Hund anzupassen hat. Und der Hund ist von seinem Menschen völlig abhängig. Unter diesem Gesichtspunkt ist es erstaunlich, dass immer noch so leicht die Sorge zu wecken ist, der Mensch könnte zu wenig führen oder bestimmen und zu wenig Grenzen setzen.

> Der Mensch bestimmt über den Alltag und das ganze Leben des Hundes. Das reicht mehr als aus, um als Anführer wahrgenommen zu werden.

Der Alltag schafft Strukturen und Grenzen

Viele Grenzsetzungen ergeben sich einfach aus den Alltagsstrukturen des Hundehalters und den Anforderungen von Familie und Beruf, kombiniert mit den eigenen Bedürfnissen des Hundehalters. Meine Fütterungs- und Gassizeiten morgens werden durch Arbeitsbeginn und Zeiten für die Tablettengabe für die Hunde bestimmt und lassen auch mir nur ein enges Zeitfenster. Auch wenn meine Hunde vielleicht gerne einen ausführlicheren ersten Gassigang absolvieren würden, lassen dies meine Alltagsstrukturen und mein Schlafrhythmus nur schwer zu. All diese Einschränkungen begrenzen die Selbstbestimmung des Hundes, lassen bedingt Spielraum für eigene Entscheidungen des Hundes, das zu machen, wozu er gerade Lust hat und wonach er Bedürfnisse hat. Und nicht immer findet ein sinnvoller Abgleich statt, ob die gewählten Tagesstrukturen auch mit den Bedürfnissen und Fähigkeiten des Hundes übereinstimmen. Bei den Gassizeiten müssen meine Hunde sich nach dem richten, was mir vor Arbeitsbeginn möglich ist und schaffen das glücklicherweise auch gut. Hier wäre eine andere Lösung für mich sehr schwierig. Dennoch wäre es etwas, was ich durchaus überdenken müsste, wenn meine Hunde, während ich auf der Arbeit bin, die Wohnung auseinandernehmen würden, weil sie unausgelastet wären, Langeweile oder Trennungsstress hätten. Es wäre dann unfair, nur vor den Hunden zu fordern, dass sie das gefälligst zu ertragen hätten, wenn sie es einfach nicht schaffen, also ihnen in ihren Fähigkeiten für die Bewältigung dieser Anforderung Grenzen gesetzt sind. Dann liegt es an mir, zu überlegen, wie ich den Hunden beibringen kann, dass sie diese Situation bewältigen können.

Kann es zu viele Grenzen oder Einschränkungen geben?

Nicht jede unbewusste Grenzsetzung ist ein Problem, aber es lohnt sich, sich bewusst zu machen, wo wir überall, ohne darüber nachzudenken, bereits die Hunde einengen, begrenzen, einschränken und ob das so bleiben muss, so bleiben kann oder ob es gute Gründe geben könnte, hier das ein oder andere zu verändern. Vor allem bei „Verhaltensproblemen", die auf Nährboden von Frustration entstehen, lohnt sich eine klare Analyse, weil die Summierung von Einschränkungen häufig eine Rolle bei der Entstehung von „Verhaltensproblemen" spielt und kleine Änderungen und Erleichterungen für die Problemlösung hilfreich sind. Auch dann, wenn das Problemverhalten nicht in direktem Zusammenhang mit der Einschränkung steht, die verändert werden soll.

Nehmen wir einmal einen Hund, der draußen jeden entgegenkommenden Hund verbellt und dabei in die Leine steigt, weil genau diese Leine ihn am Hinlaufen und freundlicher Kontaktaufnahme hindert. Ihm könnte es helfen, wenn er daheim z.B. die Liegeplätze frei aussuchen kann und dabei nicht ein weiteres Mal in seiner Bewegungsfreiheit eingeschränkt und seine Impulskontrolle strapaziert wird. Es könnte helfen, wenn dieser Hund nicht zu jedem Stadtbummel mitgenommen werden muss, wo er überfordert ist. Es könnte helfen, wenn dieser Hund nicht unnötig lange an der Tür zum Garten warten muss oder vorm Futternapf sitzen muss, bevor er dann losdarf. Es könnte diesem Hund helfen, wenn er regelmäßig Hundekumpels treffen kann, mit denen er im Freilauf unterwegs

sein kann. Sinkt insgesamt die Frustration ab und wird die Impulskontrolle für die essenziellen Themen geschont, wird es leichter werden, an den Hundebegegnungen zu arbeiten, weil der Hund nicht mehr ganz so schnell aus dem Fell hüpft. Und wenn er bei Hundebegegnungen gelernt hat, an anderen Hunden entspannt vorbeigehen zu können und dies zu einer Gewohnheit wird, kann das Warten an der Gartentüre in Angriff genommen werden – und wenn das etabliert ist, wird der Stadtbummel in Angriff genommen.

Ich erlebe häufig, dass Hundehalter ihren Hunden viel zu viele Grenzen setzen, zu viel reglementieren und vorschreiben und etliche unerwünschte Verhaltensweisen wie Unruhe und hibbeliges Verhalten, häufiges Bellen oder auch Abwehr- und Aggressionsverhalten eine Auswirkung der dadurch entstehenden Frustration und mangelnden Bedürfnisbefriedigung sind, und nicht wie oft behauptet ein Ausdruck davon, dass zu wenig Grenzen gesetzt werden. Und auch hier ist mir wieder wichtig, nicht in Schubladen oder Schwarzweiß-Kategorien zu denken: Auch unberechenbare Regeln oder zu wenig Regeln und/oder falsche bzw. zu viel Beschäftigung können zu den oben aufgezählten Verhaltensweisen führen, die für Menschen dann belastend sind und eventuell mit viel Einschränkung und Unterbrechen von Verhalten beantwortet wird. Dies sollte ebenfalls immer individuell für jedes Mensch-Hund-Team angeschaut werden und beide Möglichkeiten in Betracht gezogen werden.

Ich rate Neukunden häufig dazu, in den Tagen nach unserem ersten Treffen darauf zu achten, wie häufig sie im Tagesablauf zu ihrem Hund „Nein", „Lass das", „Hör auf", „Aus", „Schluss" und so weiter sagen, weil das häufig sehr unbemerkt, also unbewusst geschieht. Meist kommen da etliche Neins zusammen und weit mehr, als die Kunden vermutlich erwarten würden. Eine Strichliste zu führen kann hier hilfreich sein. Es ist auch eine gute Möglichkeit, Münzen in die linke Hosentasche zu stecken: Bei jedem Nein wandert eine Münze von der linken in die rechte Hosentasche und abends wird gezählt. Zusätzlich analysieren wir, wie viele Einschränkungen es sonst noch aus Hundesicht gibt. Dürfen zum Beispiel bestimmte Räume nicht betreten werden, darf ein Hund nur auf bestimmten Liegeplätzen liegen, muss er an jeder Straße absitzen, muss er über lange Strecken an einer kurzen Leine oder am Fuß des Menschen gehen, darf er beim Gassi nur hinter dem Menschen gehen, darf er nicht auf das Sofa und/oder ins Bett und so weiter.

Wir Menschen haben alle Macht über unseren Hund und können über ihn bestimmen, und solange nicht massive körperliche Vernachlässigung oder Strafe erkennbar wird, fordert niemand eine Rechtfertigung darüber. Wir brauchen uns kaum Gedanken darüber zu machen, ob wir ausreichend bestimmen, um Chef sein zu können.

> Wie oft am Tag sagen Sie „Nein"?
> Zählen Sie mal nach!

Man wird doch noch Nein sagen dürfen …

Wir alle wachsen in einer Gesellschaft auf, in der stark auf Fehler geachtet und kommentiert wird, wenn etwas nicht so gut läuft. Begabungen und erwünschtes Verhalten dagegen werden schlicht als Selbstverständlichkeit hingenommen. Dieses Prinzip kennen wir von Anfang an, erlernen es selbst, üben es über viele Jahr(zehnt)e ein und es fühlt sich für uns vertraut an. Es ist leicht für uns, selbst danach zu handeln. Es ist fast schon ein Automatismus, dass wir eher auf das reagieren, was wir nicht wollen und unerwünschtes Verhalten verbieten, unterbrechen wollen. Dieses Prinzip kann und sollte man aus meiner Sicht hinterfragen, auch, wenn das Umdenken und Umlernen zunächst sicher ein bisschen Zeit und Kraft kostet, eingeübt werden muss und zunächst mit dem Gefühl von Unsicherheit einhergeht.

Es fühlt sich anfänglich auch nicht unbedingt gleich effektiv an, sich auf erwünschtes Verhalten zu konzentrieren. Das erleben wir als selbstverständlich und normal und nehmen es nicht als „Leistung" wahr, da das Verhalten ja eh gezeigt wird.

Wenn wir unerwünschtes Verhalten unterbrechen und der Hund wirklich mit dem aufhört, was uns gerade stört, erleben wir Menschen dies als Erfolg. Für uns ist sicht- und erlebbar, dass das unerwünschte Verhalten aufhört – wir waren mit dem, was wir getan haben, effektiv. Wir beenden durch unser Verhalten etwas, was uns unangenehm ist, unser Verhalten wird verstärkt. Es führt dazu, dass wir in der nächsten Situation wieder so agieren werden. Ein Hund verbellt am Gartenzaun einen Passanten. Der Hundebesitzer rennt auf den Hund zu und brüllt laut und deutlich „Nein": Der Hund unterbricht das Bellen, zieht vielleicht das Genick ein oder geht ein paar Schritte zur Seite. Das Ziel des Hundehalters war es, das Bellen zu beenden. Dieses Ziel hat er mit diesem Vorgehen erreicht. Vermutlich wird er in der nächsten Situation, in der der Hund bellt, wieder so agieren. Unbeachtet bleibt dabei, ob der Hund dabei lernt, zukünftig Passanten seltener oder gar nicht mehr zu verbellen, was ja vermutlich vom Hundebesitzer sehr gewünscht wäre. Es bleibt auch unreflektiert, warum der Hund am Gartenzaun den Passanten anbellt und dass sich die emotionale Bewertung von Passanten oder gar allgemein Menschen des Hundes mit hoher Wahrscheinlichkeit verschlechtern wird, wenn er häufig so von seinem Menschen unterbrochen wird und sich diese Verschlechterung der Emotion gegenüber Menschen auf sein Verhalten auswirken wird. Unbeachtet bleibt auch das Risiko, dass sich Vertrauensverhältnis und Bindung zu seinem Menschen durch derartigen Umgang verschlechtern können. Eine Intervention, die dazu führen kann, dass der Hund still ist und Vertrauen und Bindung zum eigenen Menschen entsteht, ist es, etwas zu machen, das bei ihm angenehme Emotionen auslöst, wie zum Beispiel Spielen oder Entspannen.

Ich zucke immer etwas zusammen, wenn ich irgendwo lese: „Ich glaube, mein Hund denkt, dass er Nein heißt". Diese Aussage impliziert, dass das, was der Hund am häufigsten hört, ein „Nein" ist. Es macht vermutlich weder dem Menschen noch dem Hund Freude, wenn das Zusammenleben

von ständigen Neins bestimmt wird. Es ist frustrierend, verärgert, schafft schlechte Stimmung und lenkt die Aufmerksamkeit stark darauf, wo es noch im Zusammenleben hapert. Auch für den Menschen ist das enorm anstrengend und vermittelt das Gefühl, dass alles schiefläuft, und das macht unzufrieden.

Außerdem enthält ein untrainiertes Nein für den Hund keine wirkliche Information. Ein Hund spricht kein „Menschisch", er hat kein genetisch fixiertes Wissen darüber, was das menschliche Wort „Nein" bedeutet. „Nein" enthält für den Hund keine konkrete Information, es sei denn, es wurde wie andere Wortsignale wie z.B. Sitz, Hier, Bleib aufgebaut und mit einer konkreten Handlung verknüpft. Wenn „Nein" ohne vorheriges Training eine Wirkung auf den Hund hat, rührt das daher, dass es meist unfreundlich oder sogar sehr barsch ausgesprochen wird und/oder mit einer bedrohlichen Körperhaltung des Menschen einhergeht. Der Hund zeigt beschwichtigendes Verhalten oder Meideverhalten als Reaktion, was für uns Menschen so aussehen kann, als ob das „Nein" verstanden wird, weil der Hund zumindest kurz unterbricht, was er gerade tut. Ein „Nein" als Begriff drückt weder deutlich aus, welches Verhalten konkret stört, noch ist damit ausgedrückt, welches Verhalten in dem Moment erwünschter wäre.

Überlegen Sie kurz für sich selbst: Was genau erwarten Sie, wenn Sie zu Ihrem Hund „Nein" sagen?

„Nein" wird sehr oft als universelles Abbruchsignal verstanden, das immer dann gesagt wird, wenn der Hund Verhalten

Selma reagiert besorgt auf fremde Menschen und verbellt sie lauthals, wenn sie am Garten vorbeigehen.

In Anwesenheit ihrer Bezugsperson lernt sie, die Passantin ohne Bellen vorbeigehen zu lassen und dabei ein bisschen zu entspannen.

zeigt, das vom Menschen nicht erwünscht ist. Im Grunde bedeutet „Nein" häufig gleichzeitig:

- nicht an Menschen hochspringen,

- nicht bellen,

- nicht an der Leine ziehen,

- nicht das Spielzeug der Kinder verschleppen,

- nichts vom Boden aufnehmen,

- nicht buddeln,

- nicht dem Jogger hinterherrennen,

- nicht aufs Sofa gehen uvm.

„Nein" enthält für den Hund keine Information, was er denn tun soll.

Aber was genau soll der Hund in diesen Situationen tun?

- Mit vier Pfoten auf dem Boden bleiben,

- still sein,

- an lockerer Leine gehen,

- das Spielzeug der Kinder ausgeben oder gar nicht erst aufnehmen,

- an der Verlockung auf dem Boden vorbeigehen,

Anstatt einem Hund, der bei der Begrüßung von Menschen zu Aufregung neigt, ständig »Nein« zu sagen, könnte man ihn vorübergehend bei Besuchssituationen mit einem gefüllten Schnüffelteppich beschäftigen, bis das Training zur höflichen Begrüßung Früchte trägt.

- vom Mauseloch weggehen,

- bei Sichtung des Joggers beim eigenen Menschen absitzen,

- auf einem anderen Liegeplatz zur Ruhe gehen usw.

Hier stellt sich die Frage: Warum bringen wir unseren Hunden die erwünschten Verhaltensweisen nicht bei und unterbrechen immer wieder die unerwünschten?

Wir erwarten im Grunde von unseren Hunden, denen wir kein konkretes Verhalten mit dem Signal „Nein" verknüpft haben, dass sie in tausend unterschiedlichen Situationen begreifen sollen, was mit Nein gemeint ist und vergessen häufig genug, ihnen dann zu sagen, welches Verhalten sie in dem Moment bitte zeigen sollen.

Es gibt sehr viele Situationen, in denen es der viel effektivere Weg wäre, dem Hund gleich zu sagen, was er tun soll, anstatt nur nein zu sagen. Ein Hund, der um einen herumhibbelt, weil man gerade die Schuhe zum Gassigehen anzieht und einen abküsst, könnte man einfach bitten, in zwei Meter Entfernung abzusitzen. Wenn er das noch nicht kann, könnte man ihm ein Spieli in ein anderes Zimmer werfen und das holen und bringen lassen oder ihn mit einem gefüllten Schnüffelteppich beschäftigen. Mit einem reinen Nein hört er vielleicht mit dem Küssen auf, nimmt dann aber in seiner Aufregung dafür den Arm in den Fang oder einen Schuh und schon kommt das nächste Nein. Es ist viel effektiver, dem Hund konkret mitzuteilen, was man von ihm möchte, als ihn quasi raten zu lassen, was falsch war und was besser wäre. Und das Ergebnis ist ebenfalls, dass der Mensch sich in Ruhe für den Gassigang anziehen kann.

Noch geschickter ist es, in Situationen, in denen schon klar ist, dass mit hoher Wahrscheinlichkeit Verhalten auftritt, das wir nicht haben wollen, dem Hund direkt eine Alternative zu zeigen und das unerwünschte Verhalten gar nicht auftauchen zu lassen, um es dann zu unterbrechen. Verhalten entsteht bereits, bevor wir es sehen können. Emotionale Vorgänge, Bedürfnisse, Erregungsanstieg, Frustration, hormonelle Vorgänge beginnen, bevor wir die Auswirkungen an der Körperoberfläche des Hundes, also in seinem Verhalten, erkennen können. Das Verhalten, das wir sehen können, ist quasi die Spitze des Eisberges. Diese Vorgänge laufen also immer ab und führen dazu, dass das Verhalten auftritt, das dann mit „nein" unterbrochen wird. Diese Vorgänge werden also wiederholt und eingeübt und durch ein Nein nicht beeinflusst. Um das unerwünschte Verhalten zu verändern, ist es sinnvoll, auch diese nicht sichtbaren Vorgänge so früh wie möglich zu verändern – was gut gelingen kann, wenn die Situation so gestaltet wird, dass der Hund in einer bestimmten Situation gleich erwünschtes Verhalten zeigen kann. Im oben schon genannten Beispiel würde das bedeuten, dass der Hund bereits sein Sitzsignal oder den Schnüffelteppich bekommt oder ihm ein Spieli ins nächste Zimmer geworfen wird, bevor der Mensch sich die Schuhe anzuziehen beginnt.

> Unerwünschtes Verhalten kann schon effektiv verändert werden, bevor es sichtbar auftritt.

Hunde setzen manchmal anderen Hunden Grenzen: Trotzdem ist »Die machen das schon unter sich aus« nicht immer angebracht.

5. Wer darf denn wem Grenzen setzen?

Bisher haben wir davon gesprochen, dass der Mensch dem Hund Grenzen zeigt, ihn einschränkt, Regeln aufstellt. Wie zuvor schon gesagt zum Teil unbewusst und natürlich auch mit bewussten Entscheidungen, wie zum Beispiel der, dass der Hund nicht auf dem Sofa schlafen soll.

Häufig hört man in Gesprächen zwischen Hundehaltern auch, dass Hund A Hund B in seine Grenzen verwiesen hat. Zum Beispiel ein erfahrenes erwachsenes Tier einen jugendlichen wilden Heißsporn, der zu wild gespielt hat. Oder eine Hündin den aufdringlichen Rüden, der sie zu aufdringlich beschnüffelt hat. Oder ein Hund, der ein Stöckchen gefunden hat, das mit sich herumträgt und dem Hundekumpel durch Knurren mitteilt, dass er diesen Stock nicht mit ihm teilen möchte. Dies ist für viele Hundehalter in einem bestimmten Rah-

men akzeptabel und gilt als normales Hundeverhalten. Ich finde es hier sehr wichtig, dass Menschen sehr genau darauf achten, wo das durchaus im Rahmen ist und wo es gilt, dem eigenen Hund zu helfen. „Die machen das unter sich aus" ist nicht immer im Sinne der Hunde die beste Lösung. Hunde lernen auch in solchen Situationen und sie könnten auch dort Lernerfahrungen machen, die wiederum später aus Menschensicht unerwünschtes Verhalten zur Folge haben kann.

Manchmal berichten Hundehalter auch, dass ihre Hunde *ihnen* Grenzen setzen, zum Beispiel weil sie einen Kauknochen verteidigen, sich nicht bürsten lassen wollen oder sich nicht von fremden Menschen anfassen lassen. Und hier wird es oft spannend, denn dann wird sofort der Ruf danach laut, dass das keinesfalls zu tolerieren

ist und der Hund in seine Schranken ver- wiesen werden muss, ganz klare und ein- deutige Grenzen braucht. Vermutlich ist das Sicherheitsbedürfnis des Menschen eine wichtige Grundlage dafür. Es ist span- nend, dass das so ist. Dass wir Menschen mit einer großen Selbstverständlichkeit davon ausgehen, dass wir das Recht ha- ben, unseren Hunden Grenzen zu setzen, ihnen also Einschränkungen ihrer Bedürf- nisse und begrenzende Regeln aufzwingen dürfen. Aber es ist nicht vorstellbar, dass der Hund auch mal seine Grenzen auf- zeigen darf und damit den Menschen in seinen Anforderungen und Bedürfnissen einschränkt.

Ich finde es wichtig, dass auch Hunde zei- gen können, wo ihre Grenzen sind. Ein Welpe, der sich nach einer Viertelstun- de Spaziergehzeit hinsetzt und nicht wei- ter möchte oder in die Leine zu knappen beginnt ist eben nicht per se stur, sondern müde, überlastet, hat bereits genug Aus- lauf und Eindrücke gesammelt. Mit sei- nem Verhalten zeigt er seinem Menschen, dass er an seiner aktuellen Belastungsgren- ze angekommen ist und begrenzt damit die Lauffreudigkeit seines Menschen. Es ist hilfreich, wenn der Hundehalter dies er- kennen kann und zukünftig seine Runden besser an das Alter und die Belastungsfä- higkeit seines Welpen anpasst, um diesen

Bewusst oder unbewusst

Wird oft akzeptiert

Erlaubt?

Wer darf wem Grenzen setzen?

nicht permanent zu überfordern. Mit dem zunehmenden Alter wird der Welpe ganz von allein leistungsfähiger und belastbarer.

Ein Hund, der sich nicht gerne anfassen und kämmen lässt, ist vielleicht grundsätzlich einfach berührungsempfindlich. Vielleicht hat er aber auch Verspannungen, Verletzungen, Gelenkserkrankungen und damit Schmerzen bei Berührungen. Vielleicht sieht er schlecht und erschrickt sich damit bei für ihn plötzlicher Berührung. Vielleicht hat es auch einfach schonmal geziept, als er gekämmt oder gestreichelt wurde und er hat sich das gemerkt. Oder es gibt schlechte Erfahrungen mit schlagenden menschlichen Händen. Das sind doch alles nachvollziehbare gute Gründe für das Verhalten des Hundes.

Natürlich ist es dennoch sinnvoll, dass ein Hund lernt, sich anfassen zu lassen und je nach Rasse sollte er sich möglichst auch kämmen lassen. Das kann er ja auch (wieder) lernen. Wenn der Mensch annehmen kann, dass der Hund ihm da zunächst eine Grenze setzt, kann er sich Gedanken darüber machen, wie er seinem Hund vermitteln kann, dass Anfassen und Kämmen erträglich oder vielleicht sogar genossen werden können. Es liegt dann am Menschen, sich ein kleinschrittiges Training zu überlegen, wie er dem Hund das vermitteln kann.

Ein Hund, der einen Kauknochen verteidigt, will diesen vielleicht einfach behalten, weil er ihn so toll findet und nicht gerne

Auch Hunde haben ein Recht darauf, zu äußern, wo ihre Grenzen liegen.

teilt. Mal ehrlich – wir Menschen wollen die Knochen doch auch gar nicht. Für uns stellen sie im Grunde keinen Wert dar und wir wollen sie auch nicht essen. Vielleicht hat der Hund aber auch nur gelernt, dass es für ihn gefährlich wird, wenn Menschen sich ihm nähern, solange er gerade einen Kauknochen bearbeitet – weil die Menschen ihm das ständig grundlos weggenommen haben, ihn körperlich dafür gestraft haben, wenn er mit dem Kauknochen ausbüxchen wollte oder sich über ihm abgeduckt und die Zähne gezeigt hat. Und selbstverständlich ist es wichtig, dass dieser Hund lernen darf, dass es keinen Grund gibt, seinen Kauknochen zu verteidigen. Es wird nur wenig nützen, ihn dafür abzustrafen (ihn in seine Grenzen zu weisen), dass er ihn verteidigt und ihm den Knochen dann abzunehmen. Vielleicht lässt er das Knurren aus Angst vor der Reaktion seines Menschen zusätzlich zum Verlust seines Knochens. An der emotionalen Grundlage seines Verhaltens hat sich aber nichts verbessert, er will den Knochen immer noch behalten. Die Angst vor der unangenehmen Konsequenz und dem Verlust des Knochens kommt jetzt noch hinzu. Emotional fühlt er sich also noch schlechter. Vordergründig scheint das Verhalten des Nichtknurrens eine Verbesserung. Auf den zweiten Blick sieht man, dass dies keine gute emotionale Grundlage darstellt, entspannt zu bleiben, wenn der Mensch sich ihm und seinem Knochen nähert. Im Gegenteil – es birgt ein erhebliches Risiko: wird die Belastung zu groß und/oder bleibt die erwartete unangenehme Konsequenz aus, kann das Verhalten des Hundes eskalieren. Es gibt auch Hunde, die direkt in die nächste Stufe des Abwehrverhaltens einsteigen und schnappen oder gar beißen.

Zoe und ihr Frauchen erobern sich kleinschrittig das längerdauernde und erfolgreiche Kämmen. Zoe könnte jederzeit eine Pause bekommen oder das Kämmen beenden.

Ronaldo möchte seinen Knochen für sich alleine haben und schielt zu seinem Frauchen.

Hier lohnt es sich also sehr, davon auszugehen und zu akzeptieren, dass der Hund durch das Knurren seine Befindlichkeit mitteilt. Diese erst einmal anzuerkennen und dann einen Trainingsplan zu schmieden, wie der Hund lernen kann, dass die Annäherung des Menschen etwas Gutes ist, keine Gefahr darstellt und es damit schlicht keinen Grund gibt, den Kauknochen zu verteidigen. Darauf aufbauend ist schnell ein Abgabesignal etabliert, um den Hund in Notfällen besser schützen zu können.

Mit anderen Worten: Wenn Hunde, in welcher Form auch immer, uns Menschen eine Grenze setzen, geben sie uns damit auch eine wertvolle Information. Sie zeigen

normales Säugetierverhalten, in dem sie für ihre Bedürfnisse „streiten". Dann liegt es am Menschen, diese Information des Hundes aufzunehmen und sich zu überlegen, ob zum Beispiel Verletzungen oder Erkrankungen dem Verhalten ursächlich zu Grunde liegen könnten. Da hilft eine medizinische Behandlung, wenn diese die Ursache ganz ausmerzen kann und die Erkrankung nicht über längeren Zeitraum unbehandelt blieb, sogar völlig ohne Training und ohne jede Grenzsetzung durch den Menschen. Liegen (zusätzlich) andere Beweggründe hinter dem Verhalten, liegt es am Menschen, sich darüber Gedanken zu machen, wie er dem Hund vermitteln kann, dass es in dieser und ähnliche Situationen gar keinen Grund gibt, dem Men-

schen Grenzen zu setzen. Und so können
Grenzen verschoben oder abgebaut wer-
den – und das kann Mensch und Hund viel
Spaß machen.

Außerdem bin ich der Überzeugung, dass
es auch Grenzen gibt, die der Hund setzt
und die vom Menschen akzeptiert werden können oder gar müssen. Wenn wir
annehmen, dass ein Mensch sehr gerne
mit seinem Hund auf dem Sofa kuscheln
möchte, der Hund aber einfach nicht gerne auf dem Sofa liegt (vielleicht, weil ihm
es dort zu warm ist), dann kann auch der
Mensch darauf verzichten, sein Bedürfnis
auf dem Sofa zu kuscheln auszuleben und
sein Kuschelbedürfnis mit dem Hund an
anderen Orten oder Plätzen stillen. Oder
ein Mensch sucht sich mit viel Umsicht
und Überlegung einen Hund aus, weil er
mit ihm Agility machen, ihn zum Besuchs-
hund für Seniorenheime ausbilden oder
als Schulhund mit in den Unterricht nehmen möchte. Mit der Zeit zeigt sich aber,
dass dieser individuelle Hund daran keinen Spaß hat oder sogar damit überfordert
ist – dann ist das eine Grenze, die akzeptiert werden kann und, wie ich finde, auch
sollte. Und mir ist dabei sehr bewusst, dass
dies für den Menschen sehr schwierig sein
kann, vor allem dann, wenn die gesamte
Planung des Zusammenlebens darauf aufgebaut war.

Oder ein Hundehalter liebt es, mit seinem
Hund beim Gassigehen andere Hunde und
deren Menschen zu treffen oder geht gerne in stark frequentierte Hundeauslaufge-
biete, wo immer viele Hunde sind und die
Hunde zusammen spielen können. Und
dieser Mensch nimmt nun einen Hund
auf, der nicht gerne mit anderen Hunden
spielt, der Angst vor anderen Hunden hat
oder mit mehreren Hunden gleichzeitig
nicht zurechtkommt, vielleicht sogar mit
Abwehrverhalten auf andere Hunde reagiert. In diesen Fällen sollte der Mensch
akzeptieren lernen, dass er den Hund mit
seinen Anforderungen überfordert und
das eigene Bedürfnis nach Sozialkontakten
vom Hund nicht im selben Ausmaß geteilt
wird und manchmal auch nicht alles durch
Training so verändert werden kann, dass es
auch für den Hund passt. Der Hund ver-
hält sich ja auch nicht so, weil er seinem
Menschen eine Freude vermiesen möchte, ihn ärgern oder manipulieren – seine
Grenzen austesten – möchte, sondern weil
er aus welchen Gründen auch immer nicht
mit den Anforderungen zurechtkommt.

Durch Training kann eine Verbesserung
erreicht werden, aber ob so ein Hund jemals ein Hundegruppenliebhaber werden
kann, bleibt abzuwarten. Und natürlich ist
es für den Hundehalter unter Umständen
sehr schwierig, die eigenen Bedürfnisse
nach Sozialkontakt zu anderen Hundehaltern nicht leben zu können. Aber auch
das ist eine Grenze, die ja auch dem Hund
gesteckt ist und die unter Umständen akzeptiert werden muss, um den Hund nicht
permanent zu überfordern.

6. Gibt es Grenzen für das Setzen von Grenzen?

Diese Frage finde ich sehr spannend und es lohnt sich, ihr nachzugehen. Gerade haben wir besprochen, dass Grenzen verschoben oder auch abgebaut werden können. Gibt es dafür auch Grenzen?

Jedes Lebewesen bringt bereits bei der Geburt gewisse Ausprägungen und Eigenschaften – ich möchte das einmal Persönlichkeitsrahmen nennen – mit. Manche Hunde sind neugieriger, vielleicht sogar übermütiger als andere, manche scheuer, ängstlicher. Manche lassen sich schnell von Null auf Hundert fahren, andere brauchen sehr lange, bis sie sich aufregen. Da spielen auch Rassetendenzen eine Rolle. Manche können Misserfolge lange gut wegstecken, ohne besonders auffällig frustriert zu sein, andere sind sehr schnell frustriert, manche können Frustration recht gut aushalten und kompensieren, manche können das kaum oder nur sehr schwer. Innerhalb dieses individuellen Persönlichkeitsrahmens können die Eigenschaften durch Training modifiziert werden, aber sie können nicht

einfach komplett verändert werden. Ein Hund mit einer schnell ansteigenden Erregungskurve wird nie so ruhig und gemütlich werden wie einer, der ohnehin recht langsam erregt wird. Hier zu erwarten, dass man durch das Setzen von Grenzen etwas ändern könnte, ist ein Irrglaube. Ein leicht erregbarer Hund kann sicher durch Entspannungstraining, angepasste Beschäftigung und ausreichend Ruhezeiten lernen, nicht hochexplosiv zu sein. Er wird allerdings nie die Gelassenheit erreichen, die ein tiefenentspannter Hund mit langsamem Erregungsverlauf mitbringt.

Sexualität, Jagdverhalten und andere genetisch fixierte Verhaltensweisen oder solche, die auf nicht willentlich steuerbar entstehenden Emotionen basieren, sind angeboren, genauso wie die Stärke ihrer individuellen Ausprägung. Ob das Verhalten angetriggert und ausgelöst wird, ist vom Hund nicht willentlich steuerbar. Grenzen zu setzen ist aber nur für solche Verhalten sinnvoll, die vom Hund auch

Persönlichkeit
Genetisch fixierte Verhaltensweisen

Der Persönlichkeitsrahmen

bewusst beeinflussbar sind. Verhalten, die zum Beispiel auf unwillkürlichen Angst- oder Schreckreaktionen, basieren, können durch das Setzen von Grenzen nicht abgestellt werden, eben weil sie automatisch ablaufen und nicht willentlich steuerbar sind.

> Angeborenes und unwillkürliches Verhalten kann nicht durch Grenzen abgestellt werden.

Wenn wir dabei bleiben, dass wir Menschen unseren Hunden immer dann Grenzen setzen wollen, wenn diese ein aus unserer Sicht unerwünschtes Verhalten zeigen, sollte immer mitbedacht werden, dass eine Reihe von solchen Verhaltensweisen auch durch Faktoren ausgelöst werden können, die vom Hund nicht beeinflussbar sind. Dazu gehören zum Beispiel Krankheiten: Hunde, die starke Ohrenschmerzen haben, lassen sich nicht gerne an den Ohren streicheln oder könn-

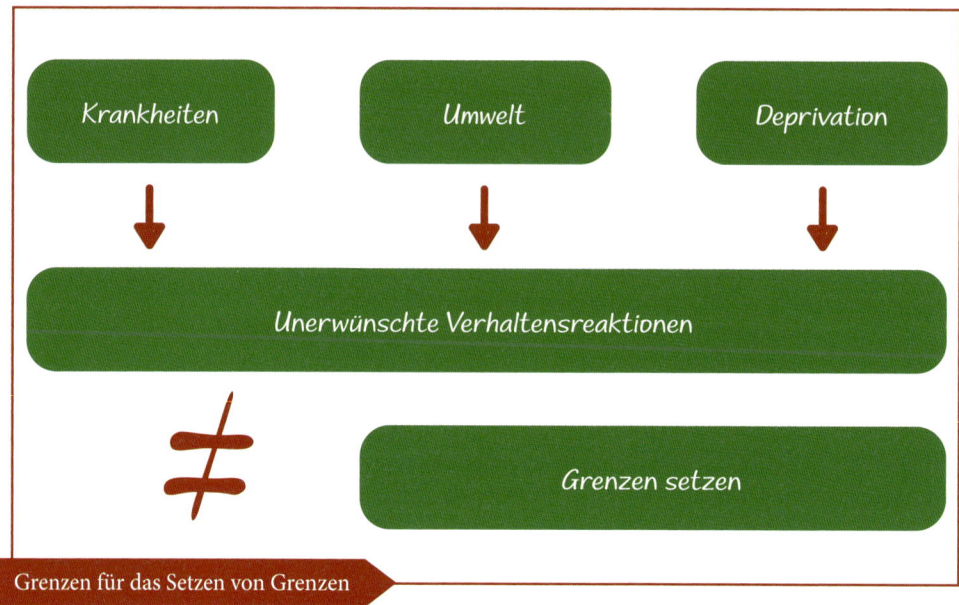

ten sogar abschnappen, wenn das jemand tut – einfach, weil es wehtut. In diesen Fällen muss schlicht die Ohrentzündung behandelt werden und es geht nicht darum, dem Hund eine Grenze zu setzen, dass er nicht schnappen darf.

Mir hilft immer das Wissen, dass es aus Hundesicht kein unerwünschtes Verhalten gibt. Aus Perspektive des Hundes ist Verhalten immer sinnvoll und logisch, aus seinen Bedürfnissen an die Situation angepasst. Ich als Mensch mit der Möglichkeit, Situationen zu hinterfragen, zu überdenken und zu reflektieren, bin dann in der Pflicht, herauszufinden, warum der Hund so gehandelt hat. In unserem Beispiel wäre es also Aufgabe des Menschen, daran zu denken, dass Schmerzen als Ursache für das Abschnappen in Frage kommen. Und es ist ebenfalls dann die Verantwortung des Menschen, Abhilfe zu schaffen und dafür zu sorgen, dass es auch aus Hundesicht keinen Grund mehr für das gezeigte Verhalten gibt. In unserem Beispiel wäre das ein Tierarztbesuch und eine Behandlung der Ohren und damit Schmerzfreiheit des Hundes. Um Missverständnissen vorzubeugen: es geht in diesem Beispiel nicht darum, Knurren und Schnappen zu verharmlosen. Wenn ein Hund knurrt oder schnappt, sollte dies selbstverständlich vom Hundebesitzer sehr ernst genommen werden und darauf reagiert werden. Aber die Reaktion sollte nicht darin bestehen, den Hund für das Abwehrverhalten zu bestrafen, sondern in der Überlegung, warum der Hund das Abwehrverhalten zeigt und dann hier mit einem Training oder eben medizinischer Behandlung anzusetzen, damit es keinen Grund mehr für den Hund gibt, dieses Verhalten zu zeigen.

Auch andere Erkrankungen wie Schilddrüsen-Fehlfunktionen, Bluthochdruck oder schmerzhafte Erkrankungen wie Magenschleimhautentzündungen, Allergien, Probleme mit dem Bewegungsapparat, Verspannungen, Hauterkrankungen usw. können zu übererregten Verhaltensweisen führen, zu Konzentrationsschwächen oder auch zur Verweigerung der Mitarbeit im Training. Dies dann durch Strafe zu begrenzen wäre nicht zielführend und auch unfair.

> Verlieren Sie nie medizinische Ursachen als Auslöser für unerwünschtes Verhalten aus dem Blick.

Wenn Hunde ein bestimmtes Verhalten immer wieder zeigen, wird es auf irgendeine Art und Weise verstärkt.

Manchmal sind das nicht wir selbst, sondern Faktoren, die wir nur schlecht beeinflussen können. Alle Welpenbesitzer können ein Lied davon singen. Sie versuchen in richtiger Fleißarbeit, ihrem Hund beizubringen, nicht an Menschenbeinen hochzuklettern oder gar zu springen. Da die Zwerge aber so süß und niedlich sind, werden sie von anderen Menschen sehr häufig doch beachtet, gestreichelt, und bespielt, wenn sie Kontakt aufnehmen und eben auch oder gerade dann, wenn sie an den Menschenbeinen hochkraxeln. Und jeder Welpenbesitzer weiß, wie sehr seine Erziehungsversuche in diesem Fall durch die Mitmenschen begrenzt werden und wie schwierig es ist, diese dazu zu motivieren, sich anders zu verhalten.

Ein anderes Beispiel sind Hunde, die an der Leine ziehen. Wie oft und wie schnell passiert es, dass die Hunde etwas Spannendes entdecken, losstürmen und den überraschten Menschen an gespannter Leine ein paar Schritte mitziehen, bis dieser wieder einen festen Stand hat. Zu diesem Zeitpunkt hat der Hund aber bereits das attraktive Ziel erreicht und kann da schnüffeln oder dem Hundekumpel Hallo sagen und wird somit für das Leineziehen belohnt – auch, wenn das natürlich nicht die Absicht des Menschen war. Hier gilt es nicht, Grenzen zu setzen, sondern umsichtig zu trainieren, damit diese ziehenden Erfolgserlebnisse möglichst ausbleiben und der Hund lernt, dass er nur an lockerer Leine an das erstrebenswerte Ziel kommt. Dazu muss der Mensch bei sich anfangen, damit er nicht mehr von solchen Attacken überrascht wird und sich mitziehen lässt, sondern die Situation rechtzeitig erkennt und zum Beispiel kurz einen Blickkontakt bei seinem Hund abfragt und ihn dann eventuell als Belohnung an lockerer Leine zu seinem Wunschziel begleitet oder die Leine für die kurze Strecke fallen lässt.

Wenn Hunde aus einer schlechten Aufzucht oder Haltung kommen, zum Beispiel von Massenvermehrern, wo sie nichts kennenlernen konnten, nicht lernen konnten, zu lernen und generell vernachlässigt wurden, kann dies zu Entwicklungsverzögerungen oder -schädigungen, manchmal auch Deprivation genannt, führen. Diese beeinflussen auch weiterhin das Leben und Lernen des Hundes, wenn er im neuen Zuhause ist. Wenn so ein Hund lange nicht stubenrein wird, ist es nicht zielführend, ihm „seine Grenzen zu zeigen" und zum Beispiel mit der Zeitung auf den Po zu

klopfen, wenn er sich in der Wohnung löst. Sinnvoll wäre stattdessen, daran zu denken, dass es dem Hund vielleicht wirklich große Mühe macht, neue Verknüpfungen im Gehirn für das neu zu erlernende Verhalten „Rausgehen und draußen Pippi machen" zu bilden und es deshalb so viel Zeit in Anspruch nimmt.

Immer wieder beobachte ich, dass Hundebesitzer in sehr kurzer Zeit sehr viel von ihren frisch eingezogenen Hunden erwarten. Das gilt sowohl für Welpen als auch für Tierschutzhunde. Wenn diese Hunde in ihr neues Zuhause kommen, müssen sie ganz viel Neues kennen lernen. Die neue Umgebung, die neuen Menschen, vielleicht die neuen vierbeinigen Mitbewohner, den neuen Tagesablauf, die Regeln und nicht selten auch jede Menge neuer Signale. Dabei erlebe ich immer wieder, dass sich Hundehalter unter einen enormen Druck setzen. Die Hunde sollen möglichst alles total schnell lernen. Dabei überfordern sie nicht nur sich selbst, sondern auch den Hund, den sie bei sich aufgenommen haben. Und ganz schnell passiert es, dass der Hundealltag von Neins – also Einschränkungen – bestimmt wird. Hier ist weniger oft sehr viel mehr.

Lernen darf Schritt für Schritt erfolgen, was Hänschen nicht lernt, kann Hans durchaus noch lernen.

Ein Hund muss nicht alles, was wichtig ist, in den ersten Wochen lernen. Auch hier gilt es, erstmal genau zu schauen, was dieses Hunde-Mensch-Team möglichst schnell braucht – alles andere hat Zeit und kann verschoben und durch Management gelöst werden.

Kindergitter können helfen, dass Hunde nicht die Küche entern und alles klauen, was auf der Arbeitsfläche herumliegt. Absperrungen im Garten können helfen, dass nicht das gesamte Blumenbeet ausgebuddelt wird. Eine längere Leine verhindert Ausflüge bei ausreichendem Bewegungsspielraum. Getrenntes Füttern bei Mehrhundehaltung verhindert Schlingen oder Streitereien am Napf. Hochstellen des Katzenfutters verhindert, dass der Hund das Katzenfutter dauernd leerfrisst. Wenn die ersten wichtigen Dinge gelernt sind und die erste Aufregung des Einzugs sich ge-

legt hat, kann dann nach und nach an den weiteren Notwendigkeiten gearbeitet werden. Manchmal hat es sich dann auch erledigt, weil diese Dinge vielleicht schon gar nicht mehr so spannend sind oder andere Gewohnheiten entstanden sind, die dieses Verhalten ausschließen. Und ich finde es so wichtig, sich immer wieder bewusst zu machen, dass Lernen nichts Statisches ist. Es ist nicht so, dass ein Verhalten, wenn es einmal gelernt wurde, zwangsläufig in allen möglichen unterschiedlichen Situationen und Erregungsleveln ein Hundeleben lang unverändert bleibt. Lebewesen entwickeln sich ihr Leben lang, Verhalten wird durch Lernvorgänge immer wieder an die Lebensbedingungen angepasst.

Gitterabsperrungen im Haus können unerwünschtes Verhalten verhindern, bis das Training abgeschlossn ist.

Wenn Hunde Signale nicht zuverlässig befolgen, wird sehr schnell der Ruf nach Grenzen laut. Signale müssen erlernt werden. Erst ohne Ablenkung dann schrittweise mehr Ablenkung bei immer größerer Erregung. Signale müssen auf alle möglichen Situationen und Orte generalisiert werden. Dies verlangt ein konstantes, gut geplantes, und konsequentes Training in kleinen Schritten durch den Menschen. Wenn ein Hund Signale nicht in allen möglichen Situationen zuverlässig zeigen kann, lohnt es sich immer, genau zu prüfen, ob das Training wirklich konsequent und gut strukturiert durchgeführt wurde. Bei genauer Überprüfung werden sich die Menschen sehr oft eingestehen müssen, dass sie das Training schleifen lassen haben, zu große Trainingsschritte gemacht haben, zu früh die Belohnung ausgeschlichen haben oder zu häufig Signale unbedacht in Situationen genutzt haben, in denen klar war, dass der Hund es nicht zeigen können wird. Dem Hund für Fehler im Trainingsaufbau Grenzen zu setzen dreht die Verantwortlichkeit für den Trainingsprozess um. Im Übrigen gilt auch für uns Menschen, dass Lernen Zeit braucht. Hundehalter lernen mit ihrem neu eingezogenen Vierbeiner häufig auch neu, wie sie Alltag gestalten und Signale aufbauen können. Auch dieser Lernprozess findet nicht auf einmal statt. Ich finde es wichtig, dass sich auch Hundehalter Zeit geben, um das Trainingshandwerkszeug Schritt für Schritt zu lernen – gemeinsam mit ihrem Hund.

> Bis ein Verhalten wie etwa Platz-Bleib auch unter hoher Ablenkung zuverlässig funktioniert, sind viele Trainingsschritte nötig.

7. Grenzen – eine Frage des Blickwinkels

Wie bereits beschrieben, wird der Begriff „Grenzen setzen" sehr häufig genutzt, um ein Gegenüber einzuschränken und etwas zu verbieten, das man nicht möchte. Eine spannende Frage bleibt, nämlich ob es nicht möglich wäre, Grenzen auch zu setzen, indem formuliert wird, was erwünscht ist.

Unerwünschtes Verhalten fokussieren

Als Trainerin begegnen mir meist Zielformulierungen für das Training, die den Fokus nur auf das unerwünschte Verhalten richten. „Der Hund soll nicht an der Leine ziehen", „der Hund soll nicht an Menschen hochspringen", „der Hund soll nicht bellen, wenn es klingelt", der Hund soll nicht auf dem Sofa liegen", „der Hund soll

das Spielzeug der Kinder nicht in den Fang nehmen"; der Hund soll sein Spieli nicht verteidigen"; „der Hund soll keinen anderen Hund anknurren" usw. Im Grunde sind das keine Zielformulierungen, da sie kein Verhalten beschreiben, das der Hund zeigen soll. Es sind Formulierungen, die zum Ausdruck bringen, welches Verhalten den Hundehalter stört und vielleicht auch belastet. Die Formulierungen fokussieren das unerwünschte Verhalten.

Welches Bild entsteht vor Ihrem inneren Auge bei einer Zielformulierung „der Hund soll nicht an Menschen hochspringen"? Schließen Sie kurz die Augen und nehmen Sie sich einen Augenblick Zeit, sich dieses Trainingsziel bildhaft vorzustellen. Wie eine Fotografie. Mit einer hohen Wahrscheinlichkeit haben Sie ein inneres Bild vor Augen, bei dem Sie ei-

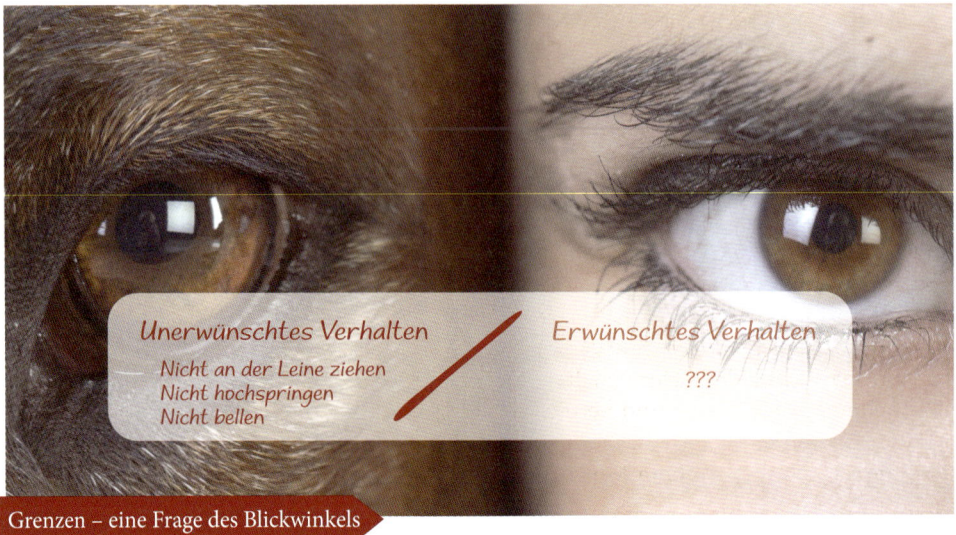

Unerwünschtes Verhalten

Nicht an der Leine ziehen
Nicht hochspringen
Nicht bellen

Erwünschtes Verhalten

???

Grenzen – eine Frage des Blickwinkels

nen Hund sehen, der an einem Menschen hochspringt und darüber ein großes rotes Kreuz, um zu zeigen, dass das nicht gewünscht ist. Vielleicht ist Ihr Bild auch ein hochspringender Hund, der gegen das angewinkelte Knie seines Menschen springt, weil er ja lernen soll, dass er das nicht darf. Sehr wahrscheinlich haben Sie kein Bild vor Augen, bei dem ein Hund mit vier Pfoten auf dem Boden an einem Menschen lehnt oder vor einem Menschen sitzt und diesen anschaut. In meinen Trainings verwende ich gerne auch ein noch krasseres Bild aus dem humanpsychologischen Bereich, das ich sehr eindrücklich finde: Schließen Sie kurz die Augen und stellen Sie sich keinen rosa Elefanten im Kühlschrank vor. Was sehen Sie vor Ihrem inneren Auge? Ich vermute stark, das entstehende Bild ist ein Kühlschrank mit einem rosa Elefanten darin und das ist in irgendeiner Form dann durchgestrichen. Glauben Sie, dass dieses Bild auch entstanden wäre, wenn ich Sie gebeten hätte, sich einen leeren Kühlschrank vorzustellen? Ich bin mir ziemlich sicher, dass Ihnen nie die Idee gekommen wäre, einen rosa Elefanten in den Kühlschrank zu packen, um diesen dann durchzustreichen. Unser Gehirn kann Nicht-Informationen nicht anders verarbeiten, als zunächst das Unerwünschte zu formen und dann wieder durchzustreichen.

Die Formulierung, was der Hund nicht tun soll, formt als Bild zunächst das unerwünschte Verhalten und sie führt nahezu automatisch dazu, dass Hundehalter erst dann agieren, wenn der Hund bereits unerwünschtes Verhalten zeigt. Meist nehmen die Hundehalter in dem Moment gar nicht wahr, dass es Momente vor dem un-erwünschten Verhalten gibt, in denen der Hund durchaus noch erwünschtes Verhalten zeigt, das sie auch honorieren und belohnen könnten. Wenn der Hund dann bereits unerwünschtes Verhalten zeigt, bleibt nur noch, dieses Verhalten zu unterbrechen, um ihm zu zeigen, dass hier eine Grenze überschritten ist.

> Das Gehirn kann kein Nein – es bildet das Unerwünschte erst ab und streicht es dann durch. Das geht einfacher.

Erwünschtes Verhalten fokussieren

Ich frage meine Kunden oft: „Was möchten Sie denn, dass Ihr Hund in diesen Situationen tun soll?" Recht häufig erlebe ich, dass diese Frage nicht spontan beantwortet werden kann. Es ist für viele Menschen ungewohnt, Ziele zu formulieren, die keine Verneinung, also keine Nicht-Formulierung enthalten, sondern positiv das Ziel beschreiben.

Formuliert man die Trainingsziele so, dass sie das Verhalten beschreiben, das man vom Hund sehen möchte, also zum Beispiel „Der Hund soll an lockerer Leine gehen", „der Hund soll bei Menschenbegegnungen mit vier Pfoten auf dem Boden bleiben", „der Hund soll still sein, wenn es klingelt", der Hund soll auf seiner Decke vor dem Sofa schlafen", „der Hund soll das Spielzeug der Kinder liegen lassen", „der Hund soll sein Spielzeug abgeben können", „der Hund soll entspannt an einem anderen Hund vorbeigehen können" usw. verändert sich unser Blickwinkel.

Unerwünschtes Verhalten
Nicht an der Leine ziehen
Nicht hochspringen
Nicht bellen

Erwünschtes Verhalten
An lockerer Leine gehen
Vier Pfoten auf dem Boden
Still sein

Grenzen – eine Frage des Blickwinkels

Die Formulierungen machen deutlich, was wir von unserem Hund möchten. Sie öffnen damit erst den Blick dafür, dieses Verhalten überhaupt wahrzunehmen, solange der Hund es von sich aus noch zeigt und bevor er in das unerwünschte Verhalten fällt. Wenn das Verhalten als Leistung des Hundes – und nicht mehr als Selbstverständlichkeit -wahrgenommen wird, kann es auch vom Menschen belohnt werden. Denn es gibt immer den Moment, wo der Hund noch an lockerer Leine läuft, noch alle vier Pfoten auf dem Boden hat oder still ist. Und eine solche Formulierung unterstützt dabei, Verhalten aufzubauen und zu trainieren, das aus der Sicht des Menschen erwünscht ist, weil der Mensch ein Bild im Kopf hat, was er in den entsprechenden Situationen haben möchte. Es gibt kein Verhaltensvakuum – sobald der Hund ein bestimmtes Verhalten nicht zeigen soll, muss er ein anderes Verhalten kennen, das er zeigen kann. Und wenn der Hund lernt, Menschen mit vier Pfoten auf dem Boden zu begrüßen, kann er nicht gleichzeitig hochspringen, das unerwünschte Verhalten wird also ebenfalls verschwinden.

Der Blickwinkel des Menschen bestimmt zu einem wesentlichen Teil, wie der Hund trainiert wird und wie der Umgang mit ihm sein wird. Der Blickwinkel bestimmt, ob der Fokus darauf liegt, Verhalten aufzubauen oder Verhalten abzubauen. Hier möchte ich Sie auf einen kleinen Ausflug in das Lernverhalten von Hunden mitnehmen. Keine Sorge, es wird keine Abhandlung über alle Lernformen und all die kleinen wichtigen Wissensecken der Lerntheorie. Ich möchte die Grundlagen vorstellen, um ein Grundverständnis zu ermöglichen.

Formulieren Sie wie das Wunschverhalten aussehen soll und es werden Trainingsideen dafür wachsen – mit Spaß und Motivation.

Konzentrieren Sie sich darauf, erwünschtes Verhalten zu belohnen, anstatt unerwünschtes zu bestrafen.

8. Ein kleiner Ausflug in die Lerntheorie

Im Zusammenhang mit dem Thema Grenzen setzen möchte ich Lernen durch Erfolg oder Misserfolg (operante Konditionierung) und das emotionale Geschehen, das hier immer mitläuft (über klassische Konditionierung) herausgreifen und in seinen Grundzügen vorstellen, weil diese Lernformen in diesem Zusammenhang wesentlich sind. Andere Lernvorgänge wie Löschen von Verhalten, Gewöhnung, Lernen durch soziale Nachahmung, klassische Gegenkonditionierung, systematische Desensibilisierung und so weiter werde ich hier ebenso wenig beschreiben wie die Feinheiten der beiden dargestellten Lernformen, damit es dann mit dem Thema des Buches weitergehen kann und nicht „Thema verfehlt" unter dem Buch steht.

Lernen ist …

Ein Lernvorgang hat immer dann stattgefunden, wenn eine dauerhafte Verhaltensveränderung in einer bestimmten Situation auf Grund individueller Erfahrungen stattgefunden hat. Ein Hund hat zunächst Bedenken, ins Auto einzusteigen, nach einem gut durchdachten Training steigt er zuverlässig und zügig auf Aufforderung ein. Dieser Hund hat gelernt. Etwas anderes sind zufällige Variationen von Verhalten oder Verhaltensänderungen auf Grund anderer Ursachen wie Ermüdung, Verletzung, Alter, Angst und so weiter. Ein Hund könnte eines Tages nicht ins Auto einsteigen, weil er nach dem Gassigang einfach zu müde ist, sich unbemerkt verletzt hat oder eine

beginnende HD ihn an diesem Tag besonders schmerzt. Ein Hund lernt immer dann, wenn sich sein Zustand/Befindlichkeit verbessert, wenn sein Zustand/Befindlichkeit gesichert wird, wenn sich sein Zustand/Befindlichkeit verschlechtert.

> Lernen ist eine dauerhafte
> Verhaltensveränderung.

Vom Hund bewusst steuerbares Verhalten wird durch die Konsequenzen, die es für den Hund hat, häufiger oder seltener. Verhalten kann auf zwei Arten beeinflusst werden: Hunde zeigen Verhalten, um eine bestimmte Absicht zu verwirklichen, ein Ziel zu erreichen. Wird dieses Ziel durch das Verhalten erreicht, spricht man von Erfolg. Wird das Ziel nicht erreicht, spricht man von Misserfolg. Erfolg oder Misserfolg führen dazu, dass entweder die Wahrscheinlichkeit, dass dieses Verhalten erneut gezeigt wird, steigt oder sinkt. Und das gilt für jedes Verhalten, unabhängig davon, ob das Verhalten aus Menschensicht erwünscht oder unerwünscht ist und ob die Konsequenz vom eigenen Menschen kommt oder aus der Umwelt.

Wenn das Verhalten erhalten bleibt, leichter auslösbar ist, intensiver wird, häufiger gezeigt wird oder länger anhaltend gezeigt wird, spricht man von Verstärkung. Wenn ein Verhalten seltener wird, schwächer wird oder zunehmend weniger bis gar nicht mehr gezeigt wird, spricht man von Strafe.

> Bewusst steuerbares Verhalten kann stärker oder schwächer werden.

Neben dem vom Hund bewusst steuerbaren Verhalten laufen zeitgleich immer auch Lernprozesse ab, die vom Hund nicht willentlich steuerbar sind. Die mit dem Verhalten und seinen Konsequenzen einhergehenden Emotionen, die entstehen und vom Hund nicht steuerbar sind, werden immer mit verknüpft. Dieses Wissen ist enorm wichtig, wenn es um die Diskussion geht, wie man Hunden Grenzen setzen möchte und welchen Blickwinkel man nutzen möchte, um Grenzen zu setzen.

> Emotionen werden immer mitgelernt, dies ist nicht willentlich steuerbar.

Was ist Verstärkung?

Es gibt zwei Möglichkeiten, wie Verhalten verstärkt oder erhalten werden kann:

Eine Möglichkeit ist, dass etwas Angenehmes in die Situation hinzukommt oder beginnt. Ein Hund soll das Signal „Sitz" lernen und erhält, sobald sein Po den Boden berührt, ein Leckerchen. Er mag das Leckerchen und frisst grundsätzlich gerne, er fühlt sich also gut und freudig. Die Wahrscheinlichkeit, dass er sich nun häufiger auf das Signal setzen wird, weil er sich dabei gut und angenehm fühlt, ist gestiegen. Dies wird positive (mathematisch gemeint, also hinzufügen ohne jede moralische Bedeutung) oder additive Verstärkung genannt.

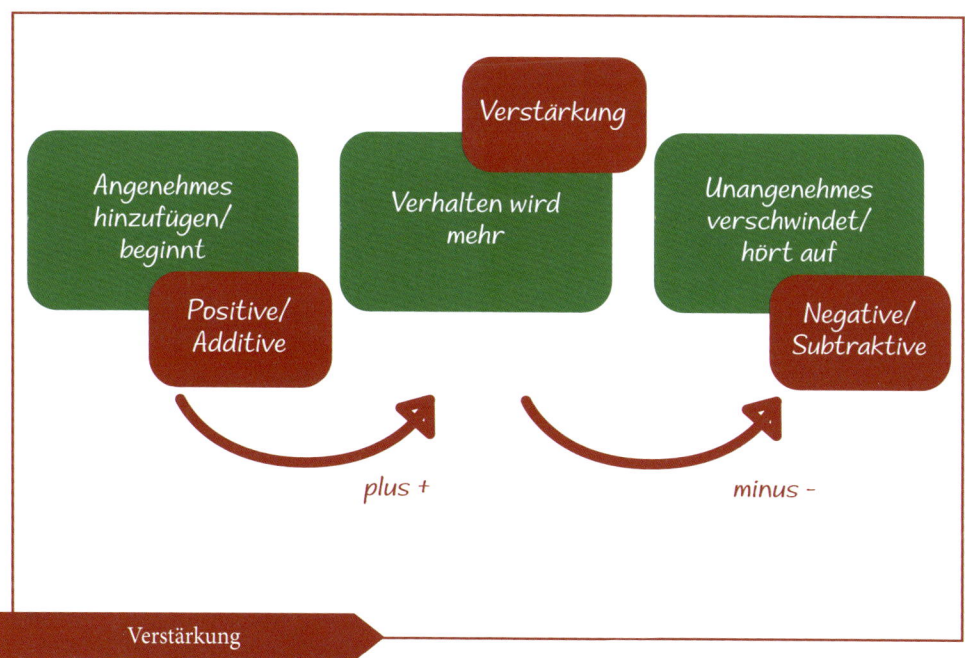

Die andere Möglichkeit der Verstärkung ist, dass etwas Unangenehmes aufhört oder aus der Situation verschwindet. Ein Hund lernt das Signal „Sitz" darüber, dass ihm der Mensch mit seiner Hand auf den Po drückt. Sobald der Hund dem Druck nachgibt und den Popo auf den Boden packt, lässt dieser unangenehme Druck nach. Die Wahrscheinlichkeit, dass er sich nun häufiger auf das Signal setzen wird, weil die Erleichterung, dass der Druck weggeht so groß war, ist gestiegen. Dies wird dann negative oder subtraktive (mathematisch gemeint, also wegnehmen, verschwinden ohne jede moralische Bedeutung) Verstärkung oder auch Erleichterungslernen genannt.

Regeln für Verstärkung

Für eine erfolgreiche Verstärkung müssen ein paar Regeln eingehalten werden:

Konsequenzen müssen direkt bei Verhaltensbeginn oder maximal innerhalb von zwei bis drei Sekunden beginnen. Um dies noch besser einhalten zu können, hat sich die Arbeit mit einem Signal bewährt, das die Belohnung verspricht. Viele kennen das vermutlich aus dem Klicker-/Markertraining, das Geräusch des Klickers/ das Markersignal markieren erwünschtes Verhalten und kündigen dafür eine Belohnung an. Der Hund kann punktgenau seine Belohnung angekündigt bekommen, während der Mensch noch etwas Zeit hat zu überlegen, welche Belohnung der Hund erhalten soll.

Meine beiden Hunde neigen beide dazu, Spielzeug gegenüber dem anderen zu verteidigen. Wenn beide auf dem Weg zum selben Spielzeug sind und einer dreht dann ab, kann ich ihm mit dem Klicker sagen, dass das toll war und er jetzt von mir eine tolle Belohnung, in diesem konkreten Fall auch ein geliebtes Spielzeug, bekommt, ohne dass ich dieses bereits griffbereit habe. Wenn es etwas dauert, bis ich die passende Belohnung zur Hand habe, kann ich mit stimmlichem Lob die Zeit überbrücken. Statt den Klicker einzusetzen kann auch ein verbales Signal wie top, bingo, click, jip, jep usw. als Markersignal aufgebaut werden.

Grundsätzlich gilt, dass nicht jede vom Menschen gedachte Belohnung auch dazu führt, dass das belohnte Verhalten wirklich verstärkt wird. Ob die gewählte Belohnung wirklich dazu führt, dass ein Verhalten verstärkt wird, zeigt sich darin, ob das Verhalten erhalten wird, häufiger gezeigt oder leichter abrufbar ist. Auch hier gilt: wenn der Mensch mit einer Belohnung ein bestimmtes Verhalten verstärken möchte und das Verhalten sich nicht in die gewünschte Richtung entwickelt, gilt es zu reflektieren, woran das liegen könnte. Es bedeutet nicht, dass der Hund seine Grenzen testet, keinen Bock hat oder dieses Hundeverhalten nicht über Verstärkung trainierbar ist. Es kann aber bedeuten, dass die ausgewählte Belohnung nicht passt.

Grundsätzlich kann gesagt werden, dass eine Belohnung, die das aktuelle Bedürfnis des Hundes möglichst optimal befriedigt, am ehesten das gezeigte Verhalten verstärken wird. An einem heißen Tag könnte für einen wasserliebenden Hund die optimale Belohnung für das Sitzen sein, dass er anschließend in den Bach darf. Für das Absitzen, wenn ein Jogger vorbeikommt, könnte für einen Hund, der gerne hinterherrennen würde, die optimale Belohnung das Jagen eines Balles sein. Für Absitzen zum Ableinen könnte die optimale Belohnung die Freigabe in die Umwelt sein. In der Arbeit mit Hunden, die an der Leine andere Hunde anpöbeln, ist nicht immer das Leckerchen für ruhiges Verhalten die alleinige optimale Belohnung. Für Hunde, die eigentlich gerne zum anderen Hund hinwollen und aus Frustration pöbeln, kann es viel effektiver sein, wenn er für gutes Verhalten dichter zum anderen Hund hindarf oder die Spur des anderen Hundes abschnüffeln oder mit seinem Menschen spielen darf. Für einen Hund, der pöbelt, weil er möchte, dass der andere Hund auf Distanz bleibt, kann es viel effektiver sein, wenn die Distanz zum anderen Hund für gutes Verhalten wieder größer gemacht wird oder er die vermeintliche Gefahr länger im Auge behalten darf.

> Je besser eine gewählte Belohnung zum aktuellen Bedürfnis des Hundes passt, umso effektiver wird sie Verhalten verstärken.

Ein Verhalten, das gelernt wird, muss in unterschiedlichen Zusammenhängen, bei unterschiedlich hoher Ablenkung und an unterschiedlichen Orten eingeübt werden, damit es überall zuverlässig abrufbar ist. Diesen Vorgang nennt man Generalisierung. Wenn ein Hund bei mir auf dem Übungsplatz gerade das Abrufen kennengelernt hat, wird er das nicht sofort auf der viel frequentierten Hundewiese können oder wenn er im Garten mit seinem Spielzeug spielt oder gar einen vorbeigehenden Passanten verbellt.

Nebenwirkungen bei Verstärkung

Hunde, die die Erfahrung machen, dass sie im Zusammenleben mit ihrem Menschen viele angenehme Konsequenzen von diesem erhalten, werden Spaß daran haben, mit ihrem Halter zusammen etwas zu machen und mit ihm zu lernen. Sie entwickeln eine freudige und positive Grundstimmung und arbeiten gerne mit dem Menschen zusammen. Es unterstützt die Vertrauensbeziehung zum Menschen, weil dieser eine verlässliche Quelle guter Erfahrungen ist, deren Nähe vom Hund gesucht wird.

Verhalten, das an die Erwartung geknüpft ist, dass es etwas Angenehmes zur Folge hat, löst angenehme Gefühle aus, sobald das Verhalten abgefragt wird. Jeder von uns hat Bilder von Hunden im Kopf, die in Erwartung des Spielis oder des Futterbröckchens ihren Po schnellstmöglichen auf den Boden drücken und einen froh und erwartungsvoll dabei anschauen. Und jeder von uns kennt vermutlich Hunde, die dieses Verhalten von sich aus immer wieder anzubieten beginnen in der Hoffnung, dass sie damit wieder diese angenehme Konsequenz erhalten könnten. Möglichkeiten, angenehme Konsequenzen zu bekommen, werden gesucht – je häufiger, umso besser. Deshalb findet auch keine Gewöhnung statt, vor allem dann, wenn es uns Menschen gelingt, unsere Belohnungen abwechslungsreich und bedürfnisbefriedigend für den Hund zu gestalten. Darüber wird das Training überaus effektiv. Im Übrigen trifft dies nicht nur auf die Stimmung des Hundes zu, sondern auch auf die des Menschen. Es ist viel entspannter und angenehmer, loben zu können und die erwünschten Verhaltensweisen und die Bedürfnisse des Hundes im Fokus zu haben.

Lernen über positive Verstärkung geht sehr schnell und ist nachhaltig. Ein Minimum an Bestärkung ist immer nötig, damit Verhalten erhalten bleibt.

Über positive Verstärkung aufgebautes Verhalten ist flexibel, kann gut wieder verändert werden, hat also eine hohe Fehlertoleranz. Natürlich kommt es im Training auch immer mal wieder vor, dass man mit dem Belohnen zu spät dran ist und dann vielleicht ein Verhalten verstärkt, das man gar nicht verstärken wollte. Sobald dies auffällt, achtet man stärker darauf, früher zu belohnen – der Hund sucht ja die Möglichkeit der guten Konsequenz, hat Spaß an der Mitarbeit und wird schnell herausfinden können, welches Verhalten nun belohnt wird. Ich kann das oft beim Training mit jungen Hunden beobachten, die in ihrem Übermut und ihrer Begeisterung gerne mal noch am Menschen hochspringen. Im Training lege ich den Schwerpunkt darauf, dass die Hunde belohnt werden, solange noch alle vier Pfoten auf dem Boden sind: Der junge Hund läuft auf einen Menschen zu und wird geklickt/gemarkert, solange die Pfoten noch auf dem Boden stehen, die Belohnung erfolgt nach unten. Manchmal sind die Hunde einfach schneller als der Mensch in seiner Beobachtung, dann klickt der Mensch vielleicht gerade dann, wenn die Pfoten vom Boden abheben. Das ist aber nicht dramatisch, in der Regel bemerkt man das ja schnell und achtet dann einfach darauf, früher zu reagieren. Würden die Menschen das Knie hochziehen, damit der Hund dagegen hüpft, könnte der Hund von der schmerzhaften Berührung so beeindruckt sein, dass er sich nicht mehr in die Nähe des Menschen traut und diesen zu meiden beginnt.

Oft haben Hundehalter auch Angst, bei Abwehrverhalten das unerwünschte Verhalten zu verstärken, wenn sie mal zu spät dran sind. Und auch das ist häufig gar nicht so dramatisch wie angenommen. Nehmen wir einen Hund, der fremde Menschen anbellt und vielleicht auch knurrt, weil er sich in deren Anwesenheit nicht wohlfühlt. Im Training ist das Ziel, den ersten ruhigen Blickkontakt des Hundes zum fremden Menschen zu klicken/markern und zu belohnen. Auf der Ebene des Verhaltens wird das Ruhigsein und Schauen belohnt, auf der emotionalen Ebene wird die Emotion beim Auftauchen eines Menschen von „Hilfe ein Mensch" in „Hey, da kommt ein Mensch, ich bekomm was Schönes!" verändert. Angenommen, der Hund beginnt nun eben gerade in dem Augenblick zu bellen und zu brummen, in dem der Mensch markert und belohnt, könnte es passieren, dass das Bellen tatsächlich verstärkt wird. Aber die emotionale Grundhaltung, weshalb gebellt wird, wird sich verändern. Wenn der Hund zunächst bellt, weil er besorgt ist und Abstand haben möchte, wird er dann mit der Zeit bellen, weil er erwartet, dass er dann von seinem Menschen etwas Schönes bekommt. Die Emotion mit dem auftauchenden Reiz hat sich verändert und der Hund ist bereits in einem Kooperationsmodus mit seinem Menschen. Es ist dann nicht schwer, den Bogen hinzubekommen, dass der Hund lernt, dass er für das Schöne gar nicht bellen muss, sondern es auch bei ruhigem Verhalten kommen wird. Negative Emotionen können nicht durch mit angenehmen Emotionen verbundenen Konsequenzen verstärkt werden, deshalb ist es nicht schlimm, wenn man da mal zu spät dran ist. Das Abwehrverhalten ist ja ein Symptom der negativen Emotion und dieses Symptom bleibt aus, wenn die dahinter liegende Emotion sich verändert hat.

> Unangenehme Emotionen können nicht schlechter werden, wenn durch eine Belohnung eine angenehme Emotion ausgelöst wird. Timingfehler bei positiver Verstärkung sind kein Beinbruch.

Es gibt also eine ganze Reihe von Nebenwirkungen bei der Arbeit über Verstärkung. Und die meisten davon sind wirklich wertvoll und schön. Es gibt wenige Regeln, die gut eingehalten werden können. Es ist sinnvoll, sich ein bisschen mit bedürfnisbefriedigender Belohnung zu beschäftigen, um effektiv Verhalten aufbauen zu können. Es gibt viele „Risiken" für erwünschte Nebenwirkungen und die Anwendung ist einfach und fehlertolerant.

Was ist Strafe?

Verhalten wird dann schwächer, weniger, seltener gezeigt, wenn aus Hundesicht etwas Unangenehmes, Erschreckendes, Schmerzauslösendes dazukommt. Der Hund frisst einen Kothaufen, der Mensch wirft eine Wurfkette neben ihn und der Hund erschrickt sich. Wenn der Schreck ausreichend stark war, wird der Hund seltener Kot fressen, um zu vermeiden, dass das wieder passiert. Der Fachbegriff dafür ist positive (mathematisch gemeint, also

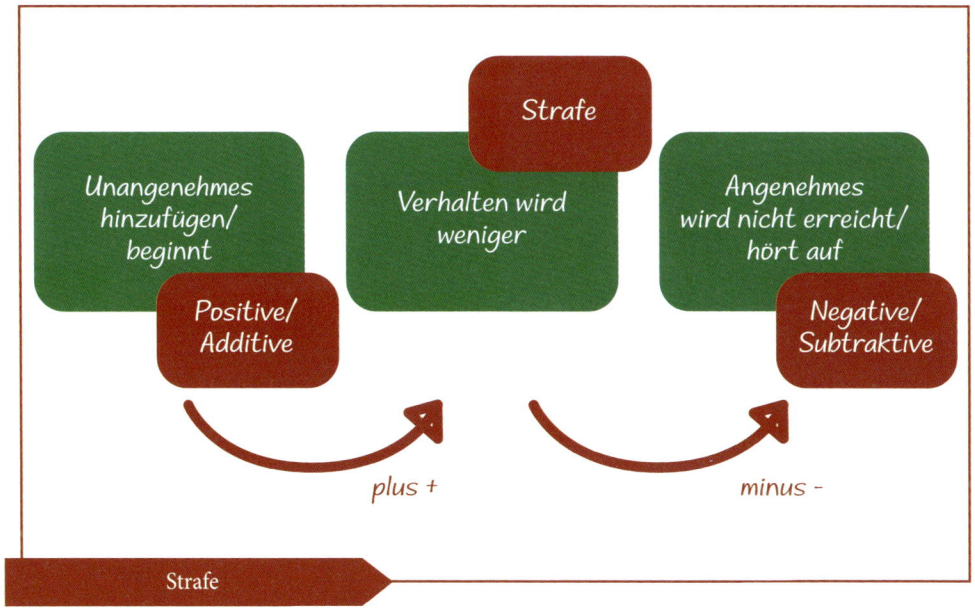

hinzufügen ohne jede moralische Bedeutung) additive Strafe.

Verhalten wird auch dann seltener, wenn das Verhalten seine Funktion nicht erfüllt, das angestrebte Ziel damit nicht erreicht wird. Ein Hund springt an seinem Menschen hoch, weil er unbedingt den Ball haben möchte. Das gelingt nicht. Irgendwann wird der Hund die Erfolglosigkeit seiner Strategie Hochspringen erkennen und diese frustriert seltener oder gar nicht mehr zeigen. Der Fachbegriff dafür ist negative (mathematisch gemeint, also entfernen, wegnehmen ohne jede moralische Bedeutung) subtraktive Strafe.

Hundeverhalten über Verhaltenshemmung wirksam zu steuern ist gar nicht so einfach, wie es auf den ersten Blick aussieht.

Regeln beim Einsatz von Strafe

Beim Einsatz von Strafe müssen etliche Regeln eingehalten werden: Ein unerwünschtes Verhalten, das über Hemmung abgebaut werden soll, muss **immer**, wenn es auftritt, unterbrochen werden und zwar **gleich zu Beginn** seines Auftretens. Wenn das nicht so ist, lernt der Hund, dass er ab und zu das Verhalten doch zeigen kann. Er lernt zum Beispiel sehr schnell, dass, wenn der Mensch noch außerhalb der Wurfweite ist, er den gefundenen Kothaufen durchaus verspeisen kann, damit wird das Verhalten variabel verstärkt.

Eine verhaltenshemmende Maßnahme muss angekündigt werden, damit der Hund langfristig die Chance hat, sich in seinem Tun zu unterbrechen, etwas anderes zu machen und damit die unangenehme Einwirkung verhindern kann.. Und dafür wiederum muss er mindestens ein anderes Verhalten vorher gelernt haben, welches er dann zeigen kann. Es wäre also unter Umständen der kürzere Weg, dem Hund am Kothaufen gleich ein Sitz zu sagen oder ihn abzurufen, statt vorher etwas nach ihm zu werfen.

Verhaltenshemmung ist nur bei Verhalten sinnvoll, das grundsätzlich verboten ist. Der Hund kann nicht einordnen, warum es manchmal dazu führt, dass sein Mensch mit ihm spielt, wenn er das Spieltau bringt und zum Toben auffordert und ihn manchmal dafür abstraft. Das schafft eine Erwartungsunsicherheit – keine gute Grundlage für ein sicheres und schönes Zusammenleben, wenn man nie weiß, wie der andere einzuschätzen ist. Die Bindung und Beziehung zwischen Mensch und Hund kann nachhaltig beeinträchtigt werden.

Eine aversive Einwirkung muss so stark sein, dass das bestrafte Verhalten sehr schnell schwächer wird oder gar nicht mehr auftritt. Wenn dies nicht gelingt, gerät man leicht in eine Gewaltspirale. Die Einwirkung darf gleichzeitig nicht so massiv sein, dass der Hund so sehr geängstigt wird, dass er sich gänzlich in sein Schneckenhaus zurückzieht oder traumatisiert wird.

> Der Einsatz von Strafe im Sinn der Lerntheorie ist komplizierter, als auf den ersten Blick vermutet wird.

Nebenwirkungen von Strafe

Verhaltenshemmung kann eine Reihe von Nebenwirkungen haben.

Klassische Konditionierung überlagert operante Konditionierung, oder einfacher gesagt: Es kommt sehr häufig vor, dass der Schreck, der Schmerz, der Frust und der Ärger mit anderen Reizen, die gleichzeitig in der Situation da sind, in der das Verhalten auftritt, verknüpft werden. Ein Hund, der an einen Weidezaun kommt und sich vor dem Stromschlag erschrickt, hat da-

nach häufig Angst vor den Tieren hinter dem Zaun oder manchmal auch vor dem Ort und nicht zwingend vor dem Zaun. Es ist nicht voraussehbar, mit welchen Umweltreizen oder Sinneseindrücken der Hund eine unangenehme Einwirkung verknüpfen wird. Deshalb bedeutet der Einsatz von Strafe immer ein Risiko für unerwünschte Lernverknüpfungen.

Durch den Einsatz von Strafe kann es dazu kommen, dass der Hund aus menschlicher Sicht unangemessenes Meideverhalten zeigt. Dies ist immer dann besonders

Ben schnuppert am Rand eines Weidezaunes und in der Nähe der Kühe. Wenn er jetzt an die Zaunlitze käme, könnte er den Stromschlag mit den Kühen oder dem Ort verknüpfen.

73

schmerzhaft, wenn das Meideverhalten gegenüber dem eigenen Menschen auftritt, vielleicht sogar stark generalisiert wird. Eine Trainingshündin von mir hatte das Problem, dass sie alles Fressbare vom Boden aufsammelte und fraß. Selbstverständlich kann dies ausgesprochen gefährlich werden. Es ist also unbedingt sinnvoll, daran zu trainieren. Bevor die Hündin zu mir ins Training kam, wurde viel über Hemmung gearbeitet, will sagen, immer, wenn sie etwas aufnehmen wollte, wurde sie massiv gemaßregelt. Dies führ-

te irgendwann dazu, dass die Hündin in Anwesenheit ihrer Besitzerin auch einen angebotenen Kauartikel und ihr normales Futter nicht mehr fressen konnte. Die Hündin hatte alles dafür getan, die Maßregelungen zu vermeiden. Die Besitzerin war darüber sehr traurig und suchte nach anderen Trainingswegen für sich und ihre Hündin.

Es gibt aber auch Hunde, die nicht so schnell zu beeindrucken sind und sich „für ihre Bedürfnisse einsetzen", wie ich gerne

Ben futtert mit Hingabe. Früher konnte er die Annäherung eines Menschen in dieser Situation nicht unbesorgt aushalten, heute kann er entspannt weiterfressen.

sage. Das heißt, dass diese Hunde nicht ins Meideverhalten gehen, sondern sich wehren. Das wiederum kann für Menschen durchaus gefährlich werden.

Ich höre oft von Kunden, dass ihnen empfohlen wird, sie sollten ihrem Hund unbedingt beibringen, dass er sich zu jeder Zeit alles wegnehmen lassen soll. Das Training dazu sieht häufig so aus, dass der Hund den vollen Napf hingestellt bekommt und der Mensch, während er frisst, sich nähert und ihm den Napf wieder wegnimmt. Beim ersten Mal reagieren viele Hunde einfach nur überrascht. Wenn sich das wiederholt, kündigt die Annäherung des Menschen an den Napf an, dass das Futter weggenommen werden könnte. Hunde, denen Essen sehr wichtig ist, können dann durchaus mit Knurren zeigen, dass sie ihr Essen behalten wollen und der Mensch weggehen soll. Hier setzt dann spätestens die Idee ein, dass der Hund deutlich in seine Grenzen verwiesen werden muss und er den Menschen nicht anzuknurren hat. Die Spirale dreht sich dann weiter, wenn die Menschen das Knurren verbieten, zum Beispiel durch Schnauze zuhalten, auf den Rücken drehen, brüllen, mit Wasser bespritzen und so weiter und natürlich das Futter wieder wegnehmen. Die Annäherung des Menschen bleibt emotional immer noch bedrohlich in dem Sinne, es könnte das Essen verschwinden – und wird emotional noch bedrohlicher, weil sie auch mit der Erwartung der drohenden unangenehmen Einwirkung verbunden werden kann. Hunde, die nicht mehr knurren, zeigen nicht automatisch immer Meideverhalten. Es gibt Hunde, die die nächste Stufe des Abwehrverhaltens zeigen und abschnappen oder beißen. Hier kann

eine gefährliche Eskalation entstehen, die schlussendlich für Mensch und Hund gefährlich wird. Hundeangriffe können richtig wehtun und zu (erheblichen) Verletzungen beim Menschen führen. Die Eskalation kann dazu führen, dass Menschen an ihre Belastungsgrenzen kommen und für die Hunde kann es bedeuten, dass sie als untherapierbar eingestuft und euthanisiert werden.

Wenn Verhalten viel eingeschränkt und gehemmt wird, erzeugt das Frust, und Frustration führt zu einem Erregungsanstieg. Wenn viel und hart gestraft wird, entstehen Angst und dauerhafte Anspannung, wann die nächste Einwirkung kommen wird, und damit eine hohe Stressbelastung. Diese führt ebenfalls zu einem Erregungsanstieg. Hohe Erregung ist wiederum eng damit verbunden, dass aus menschlicher Sicht unerwünschte Verhaltensreaktionen wie Jagen, Aggression und Co. wahrscheinlicher werden und Lernen schlechter oder gänzlich unmöglich wird. Eine dauerhaft hohe Stressbelastung kann krank machen oder Krankheiten verschlimmern, wie bei uns Menschen auch.

Verhalten dient dazu, bestimmte Bedürfnisse zu befriedigen. Dies gilt für Hunde wie für uns Menschen auch. Wird ein Verhalten durch Strafe gehemmt oder unterdrückt, verändert sich an den Ursachen, weshalb das Verhalten gezeigt wurde, nichts. Ich konnte dies einmal sehr eindrücklich bei Bekannten beobachten. Ihr Hund hatte vor längerer Zeit Autos, Fahrradfahrer, Pferde, Jogger und so weiter angebellt und wollte gerne auf diese losstürmen. Dies hatten sie gut in den Griff bekommen, indem der Hund über die Lei-

Socke hat gelernt, ein bisschen zur Seite zu gehen und sich hinzusetzen, wenn ein Fahrrad auftaucht und sich dabei wohl und sicher zu fühlen.

ne korrigiert wurde (sprich Leinenruck am Kettenwürger). Nun kamen meinen Bekannten Zweifel, ob sie weiterhin so mit ihrem Hund umgehen wollten und kauften sich ein Brustgeschirr für ihn. Plötzlich tauchten die alten Verhaltensweisen wieder auf, der Hund wollte Autos, Fahrradfahrer, Pferde, Jogger etc. wieder bellend verjagen. Für meine Bekannten war das zunächst nicht nachzuvollziehen. Das ist ein gutes Beispiel dafür, dass das Rucken an der Leine dazu geführt hatte, dass der Hund aus Angst vor dem Ruck sich nicht mehr getraut hatte, das Bellen und Losstürzen zu zeigen. Er hatte aber nicht gelernt, dass es keine Veranlassung für

sein Verhalten gab und was er stattdessen tun könnte. Als das Halsband wegfiel, war für den Hund klar, dass er nicht mehr am Halsband geruckt werden konnte, die Angst vor der schmerzhaften Einwirkung war also weg und das alte Verhalten kam wieder zum Vorschein. Das grundlegende Bedürfnis, Jogger, Fahrradfahrer etc. aus Angst heraus auf Abstand zu halten, wurde durch das Rucken nicht verändert beziehungsweise vermutlich eher noch ausgebaut. Das dazugehörige Verhalten wurde zwar unterdrückt, war aber sofort wieder da, als der Hund die unangenehme Einwirkung nicht mehr erwartete.

> Verhalten unterbinden unterdrückt das Verhalten nur und ändert nichts an der Emotion und dem Bedürfnis, das hinter dem Verhalten steht.

Meine Bekannten begannen dann, ihrem Hund zu zeigen, dass das Auftauchen von Joggern, Fahrradfahren, Autos und so weiter eine schöne Interaktion mit seinen Menschen ankündigte und damit angenehme Emotionen auslöste. Zusätzlich lernte der Hund, dass er sich von dem Auslöser entfernen konnte bzw. nicht weiter näher hingehen musste. Dies war für ihn enorm wichtig, um ein Verhalten lernen zu können, das dieselbe Funktion wie das Pöbeln erfüllte, ihm nämlich Distanz zum auslösenden Reiz gab. So wurde die emotionale Reaktion beim Auftauchen der Reize immer besser und damit das Bedürfnis des Hundes, diese Reize zu vertreiben, immer geringer. Und sie lehrten den Hund, beim Auftauchen dieser Reize auf zu geringe Distanz ein bisschen auf Seite zu gehen und sich hinzusetzen. So hatte der Hund keine Angst mehr vor den Reizen und wusste, was er tun konnte, damit er sich beim Auftauchen der Reize gut fühlte.

Eine weitere mögliche Nebenwirkung beim Einsatz von Strafe ist die erlernte Hilflosigkeit. Dieser Begriff beschreibt Hunde, die kaum mehr irgendetwas von sich aus machen, aus Angst davor, bestraft zu werden. Dies geschieht, wenn Hunde die Erfahrung machen, dass die Strafe völlig unabhängig von ihrem Verhalten immer kommt und sie diese nicht vermeiden können. Ich nenne diese Hunde oft die „ich mache lieber gar nichts, bevor ich etwas falsch mache–Hunde": sie ertragen Strafen stoisch, haben eine sehr hohe Schmerztoleranz und wirken im Training oft starrsinnig oder untrainierbar. Beschrieben wurde die erlernte Hilfosigkeit im Learned-Helplessness-Experiment, das im Rahmen der Forschung zu depressiven Erkrankungen beim Menschen mit Hunden durchgeführt wurde. Hier wurde gezeigt, dass Hunde, die in einem ersten Versuchsaufbau die Erfahrung gemacht hatten, dass sie durch ihr Verhalten keinerlei Möglichkeit hatten, Stromschlägen zu entgehen, bei einem zweiten Versuchsaufbau, in dem sie den Stromschlägen hätten ausweichen können, keinen Versuch mehr unternahmen, diesen zu entgehen, sondern die Stromschläge ertrugen. Im Training mit Hunden kommt dies vor allem bei häufiger und harter Strafe vor und wenn die Regel missachtet wird, dass Strafe angekündigt werden muss und dass, wenn der Hund darauf reagiert, ein Alternativverhalten möglich sein muss.

Hunde suchen Quellen unangenehmer Erfahrungen zu meiden, während sie Quellen guter Erfahrungen und Orte, wo sie sich sicher fühlen, suchen. Ist die Bezugsperson des Hundes beides zugleich, ist dies für den Hund häufig sehr schwierig und führt zu einem Bedürfniskonflikt, zu einem inneren Hin- und Hergerissensein. Die Bezugsperson ist für den Hund nicht mehr eindeutig und berechenbar. Im Extremfall kann dies krank machen und zu Neurosen führen. Dieses Konfliktpotenzial wird umso größer, je häufiger positive Strafe im Training durch Bezugspersonen eingesetzt wird. Die Bindung und Beziehung zum Hund leiden enorm.

9. Und was heißt das jetzt für die Praxis?

Der ein oder andere hat sich während des Lesens vielleicht gedacht: Das klingt ja alles ganz logisch, aber was heißt das denn nun für die Praxis für das Zusammenleben mit unseren Hunden? Und was hat Lerntheorie mit der Frage zu tun, wie man einem Hund Grenzen setzt? Natürlich gibt es im Alltag mit dem Hund Situationen, in denen es Handlungs- und Klärungsbedarf gibt, Konflikte zwischen Bedürfnissen des Hundes und denen seines Menschen.

Vielleicht kennen Sie Aussagen wie diese:

- Ohne Grenzen kann kein Hund glücklich mit seinem Menschen zusammenleben.

- Grenzen setzen wir über Kommunikation mit dem Hund.

- Nur so kann eine verlässliche Bindung mit dem Hund aufgebaut und die Beziehung zum Hund vertieft werden.

- Der Mensch muss durch das Setzen von Grenzen die Führung und Verantwortung für seinen Hund übernehmen.

All diese Umschreibungen lassen nicht konkret erkennen, wie schlussendlich das Training mit dem Hund aussieht. Im Grunde sind es zunächst leere Worthülsen, die alles bedeuten können. Häufig werden dahinter Einwirkungen versteckt, die für den Hund unangenehm sind, ihn erschrecken oder gar Schmerzen zufügen. Das Wissen über Lernverhalten hilft dabei, Aussagen besser überprüfen zu können, was sich konkret dahinter verbirgt.

Kommunikation bedeutet ja zunächst einmal nur, dass eine Botschaft gesendet wird und von einem Gegenüber darauf reagiert wird. Wie bereits Paul Watzlawik anmerkte: „Man kann nicht nicht kommunizieren". Alles, was wir tun oder lassen, egal ob verbal oder körpersprachlich, ist automatisch Kommunikation. Und bei Kommunikationsprozessen laufen immer auch Lernprozesse ab. Die Trennung zwischen Kommunikation und Konditionieren ist eine künstliche. Eine gelingende Kommunikation setzt ja voraus, dass Sender und Empfänger sich verstehen, dasselbe meinen. Wer mit seinem Hund kommuniziert, möchte damit in vielen Situationen auch etwas erreichen, was reproduzierbar ist. Und wenn etwas reproduzierbar ist, hat Lernen stattgefunden.

Bindung und Beziehung entstehen durch Kommunikation und miteinander agieren und reagieren, durch miteinander leben. Die Begriffe sagen nichts über die Qualität der Kommunikation und der Beziehung aus. Eine Bindung kann sehr angstbasiert sein, sehr unsicher, wenn nie sicher vorhersagbar ist, wie das Gegenüber reagiert, oder sehr vertrauensvoll. Kommunikation kann sehr freundlich und wertschätzend sein oder sehr gewaltvoll und missachtend. Hinterfragen Sie immer, wenn Ihnen jemand solche „Phrasen" als Erklärung vorträgt, was genau er an beobachtbarer Handlung tut, um mit dem Hund zu kommunizieren und Bindung aufzubauen. Mit dem Wissen über Lernvorgänge, über die

Konsequenzen auf das Verhalten und die damit einhergehenden Emotionen können Sie immer selbst beurteilen, über welche Wirkmechanismen kommuniziert und Beziehung gestaltet wird. Dazu gehen Sie in zwei Schritten vor:

Prüfung Schritt eins: Wie soll sich das Verhalten entwickeln?

- Verhalten soll erhalten bleiben, häufiger gezeigt werden, schneller abrufbar sein, intensiver gezeigt werden = Verstärkung

- Verhalten soll seltener werden, aufhören oder verschwindet = Strafe

Prüfung Schritt zwei: Welche Konsequenz/Einwirkung wird hinzugefügt oder weggenommen und welche Emotionen sind damit beim Hund verbunden?

- Es wird eine angenehme Konsequenz hinzugefügt, der Hund fühlt sich gut, hat Vorfreude

- Es wird eine Konsequenz hinzugefügt, die dem Hund unangenehm ist, ihn ängstigt oder gar Schmerzen hinzufügt. Das führt zu unangenehmen Emotionen, Besorgtheit, Angst

- Es wird etwas aus der Situation ent-

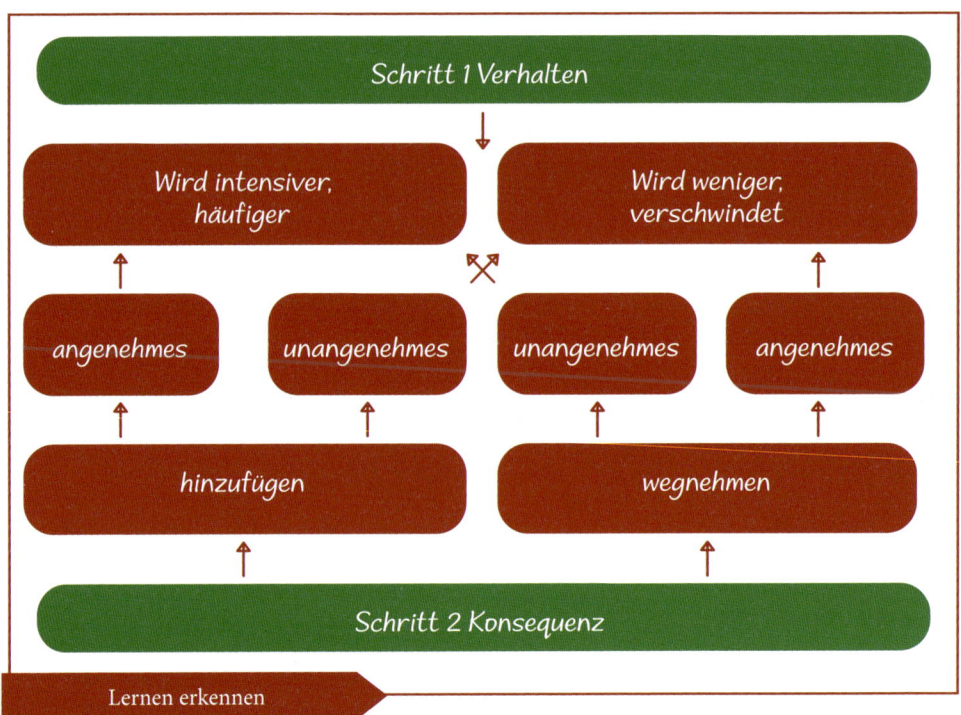

fernt, was dem Hund unangenehm ist, ihn besorgt macht, der Hund fühlt sich erleichtert

• Es wird die Möglichkeit genommen, dass das Verhalten zum Ziel führt, das löst Frust aus

Häufig hört man auch die Behauptung, dass eine gewählte Einwirkung ja gar nicht schlimm sei, nicht erschrecke oder nicht schmerzhaft sei. Aber immer, wenn durch eine Einwirkung, die gezielt als Folge für ein Hundeverhalten gesetzt wird, ein Verhalten weniger werden soll, wird das nur funktionieren, wenn die Einwirkung eben unangenehm vom Hund bewertet wird, weil die Angst vor der unangenehmen Ein-

wirkung im Spiel ist oder eben Frustration. Wenn nicht, läuft die Einwirkung ins Leere.

Bei meiner ersten Hündin Eika war ich als Anfängerin noch unerfahren und habe mich auch von solchen Erklärungen einwickeln lassen. Weil sie so gerne alles Mögliche aufgenommen hat, habe ich damals noch mit der Wurfkette erste Versuche gemacht. Meine Eika war beim ersten Mal, als die Kette neben ihr landete, deutlich wahrnehmbar erschrocken. Sie unterbrach, was sie tat und war danach besser für mich ansprechbar. Beim zweiten Mal überprüfte sie nur noch, ob die Kette vielleicht fressbar war. Beim dritten Mal zeigte sie keine Reaktion mehr – die Kette war für sie be-

Wenn Hunde, wie hier Yarda, draußen Unerwünschtes fressen, ist das Training von »Anzeigen und Liegenlassen« nicht nur freundlicher als eine aversive Unterbrechung. Es ist in vielen Fällen langfristig sogar effektiver, weil der Hund nicht unbeabsichtigt lernt, seinen Fund lieber schnell herunterzuschlingen, bevor der Mensch ihm diesen verbietet.

deutunglos geworden. Das Ergebnis war also, dass ich keinen Trainingserfolg erzielt hatte: Sie nahm weiterhin Dinge vom Boden auf und der Schreck hatte sich abgenutzt. Nun gab es zwei Möglichkeiten: Ich hätte die Einwirkung intensivieren können, zum Beispiel die Kette auf den Hund werfen oder ein Sprühhalsband einsetzen. Oder trainieren, dass sie Fressbares anzeigt und auf dem Boden liegen lässt. Ich war damals ein Glückskind, dass meine Eika ein so stabiles Gemüt hatte und dieses bei all meinen Unzulänglichkeiten immer bewahren konnte. Wäre sie da weniger stabil gewesen, wäre vordergründig das Training an Fressbarem besser gelaufen – zu dem Preis, dass sie mit mehr Sorge und Angst durchs Leben gegangen wäre.

Es lohnt sich also, sehr genau zu prüfen, was sich hinter diesen Beschreibungen wirklich verbirgt. Durch das Wissen um Lernvorgänge können Sie besser einschätzen, wie Einwirkungen in ihrer Wirkung bewertet werden müssen, welche Emotionen damit für die Hunde verknüpft sind und welche Regeln und Nebenwirkungen damit verbunden sind. Verhalten hat die Funktion, sich an das Umfeld anzupassen, und dies passiert über Lernen an den Konsequenzen, die Verhalten für den Hund hat. Dies ist gut erforscht, seit vielen Jahren und wirklich millionenfach nachgewiesen. Es ist im Grunde absurd, wenn Lernvorgänge negiert werden, um mit unscharfen Begriffen zu kaschieren, was da wirklich passiert. In diesem Fall lohnt es sich, sehr kritisch zu sein und genau zu erfragen, was konkret auf Handlungsebene gemacht werden soll. Und wenn Sie hier keine klaren, konkreten Erklärungen erhalten, sondern weiterhin von Führung, Kommu-

nikation und Co. geredet wird, können Sie vermutlich davon ausgehen, dass ein gewisses, wenn nicht sogar erhebliches Maß von Grenzsetzung durch unangenehme, ängstigende, schmerzhafte Einwirkungen dahintersteckt.

> Prüfen Sie genau, was sich hinter wohlklingenden Beschreibungen verbirgt.

Verhalten kann auch gesteuert und begrenzt werden, indem das erwünschte Verhalten fokussiert wird. Und darauf möchte ich nun mit weiteren praktischen Beispielen eingehen. Ich werde an dieser Stelle grundsätzliche Möglichkeiten aufzeigen – kleinschrittige Trainingspläne müssen individuell ausgearbeitet werden. Sobald es um Aggressions- und Abwehrverhalten insbesondere gegenüber Menschen geht, empfiehlt es sich immer, einen Trainer zu Rate zu ziehen, der sich einem bedürfnisorientierten und wertschätzenden Umgang mit dem Hund verpflichtet und den Einsatz von Schmerz- und Schreckreizen ablehnt.

Der Blickwinkel, mit dem wir auf unsere Hunde und ihr Verhalten schauen, ist sehr wichtig, weil er sehr bestimmend dafür ist, wie wir mit unseren Hunden trainieren und sie erziehen. Wenn der Hundehalter sich darauf konzentriert, wo der Hund erwünschtes Verhalten zeigt bzw. wie er ihm beibringen kann, in möglichst vielen Situationen erwünschtes Verhalten zu zeigen, werden Training und Umgang anders sein als dann, wenn der Hundehalter sich darauf konzentriert, welches Verhalten ihn bei

Lenny und Ronaldo haben gelernt, an Türen zu warten.

seinem Hund stört und er dieses abstellen möchte. Und Grenzen lassen sich auch darüber definieren, dass der Hund lernt, welches Verhalten in welchen Situationen erwünscht ist. Dies kann durch ein Zusammenspiel folgender Überlegungen sehr gut gelingen:

- Welches Verhalten ist aktuell super wichtig und welches kann auch noch ein bisschen später erlernt werden?

- Welche Gewohnheiten sollen gebildet werden?

- Welches Wunschverhalten soll trainiert werden?

- Welches Verhalten kann über Management verhindert werden?

Prioritäten setzen

Es ist sinnvoll, dass sich Hundehalter überlegen, was ihnen im Zusammenleben mit ihrem Hund wichtig ist. Dabei steht die Frage im Mittelpunkt: Welches Verhalten möchten sie in welchen Situationen von ihrem Hund erwarten, was brauchen sie ganz individuell für ihre Lebenssituation? Ist es wichtig, dass der Hund vor der Futterschüssel einen Augenblick sitzen soll? Ist es wichtig, dass der Hund mit in Urlaub fahren soll, vielleicht mal bei einem Stadtbummel seine Menschen begleiten

Vito wartet oben an der Treppe, damit sein Frauchen sicher die Stufen heruntergehen und er dann in seinem Tempo nachkommen kann.

soll oder bei einem Restaurantbesuch? Soll der Hund an der Wohnungstür/Gartentür absitzen und warten, bis er rausdarf oder kann er vielleicht direkt vorauslaufen, weil da noch nicht sofort mit „Gegenverkehr" zu rechnen ist? Ist es gewünscht, dass der Hund auf einer Decke bleibt, wenn Besuch kommt oder darf er direkt hingehen und Hallo sagen? Darf der Hund in alle Räume des Hauses oder nicht? Soll der Hund möglichst viel frei laufen dürfen? Ist es wichtig, dass der Hund schnell lernt, Dinge wieder abzugeben, zum Beispiel weil Kinder im Haushalt leben, deren Spielzeug sonst gefährdet sein könnte? Diese Liste erhebt keinen Anspruch auf Vollständigkeit, sie soll nur eine Beispielliste sein. Und je nach Hund kann die Liste der zu lernenden Dinge sehr unterschiedlich sein.

Zieht ein Welpe ein oder bereits ein älterer Hund? Kommt der Hund von einem Züchter oder aus dem Tierschutz? Lebt der Hund schon einige Zeit in der Familie und es werden Ergänzungen im Training und Zusammenleben nötig, zum Beispiel weil ein Kind geboren wird oder ein Paar zusammenzieht oder ein weiterer Hund einzieht?

Wenn Kinder im Haushalt leben und ein Hund einzieht, der gerne alles in den Fang nimmt, ist es oft ein Thema, dass die Hunde das Kinderspielzeug verschleppen, kaputtmachen oder versabbern. In diesen Fällen kann es sinnvoll sein, dem Hund frühzeitig beizubringen, Beute freudig wieder abzugeben. Das kann über Tauschen aufgebaut werden oder über variantenreiche, überraschende Belohnung für freiwilliges Ausgeben von Dingen. Und es kann hilfreich sein, Kinderzimmertüren möglichst geschlossen zu halten oder den Hund zu gewissen Zeiten in einem abgetrennten Wohnbereich zu betreuen, damit er erst gar nicht in Versuchung kommt. Und natürlich kann ein Hund auch lernen, welches Spielzeug ihm gehört und er jederzeit in den Fang nehmen darf und welches nicht. Wenn jemand keine Kinder hat, ist das vielleicht nicht das wichtigste Thema. Vielleicht ist es für ein Paar ohne Kinder wichtiger, dass der vor dem Spaziergang hocherregte noch nicht leinenführige Hund möglichst rasch lernt, die vielen steilen Stufen am Haus gemütlich runterzugehen, damit alle heil unten ankommen, ohne zu stürzen. Je nach Hund kann er auf Absatz eins warten lernen, in dem er dort auf dem Absatz nach jedem Schritt des Menschen eine Stufe tiefer mit einem Futterbrocken belohnt wird und dann auf den nächsten größeren Treppenabsatz im selbstgewählten Tempo nachkommen darf. Wieder andere müssen den Hund möglichst schnell mit zur Arbeit nehmen können und es steht deshalb in den ersten Wochen an, dass der Hund lernt, auf einer Decke länger zu ruhen. Zuerst wird das auf die Decke Gehen belohnt, dann in einem nächsten Schritt das etwas längere Verbleiben auf der Decke und das wird immer weiter ausgebaut. Am besten wird die Decke auch noch mit Entspannung verbunden.

> Ihre Lebenssituation bestimmt, welche Verhaltensweisen Ihr Hund möglichst früh lernen sollte und welche Lerninhalte Zeit haben.

Die Ausgangsbedingungen, welches Verhalten und welche Signale überhaupt für das individuelle Zusammenleben wichtig sind, sind sehr unterschiedlich. Ein Trainingsplan darf und soll individuell sein, angepasst an den Menschen und seinen Hund. In welcher Reihenfolge die jeweiligen Verhaltensweisen oder Signale trainiert werden sollen, kann ebenfalls wie beschrieben sehr unterschiedlich sein. Es lohnt sich, für jedes Hund-Mensch-Team genau zu prüfen, welches Verhalten für die eigene Lebenssituation gleich zu Anfang wichtig ist und was noch ein wenig Zeit hat. Neues zu lernen braucht ein bisschen Zeit. Das gilt für Mensch und Hund, es ist nicht möglich, dass ein Hund oder auch der Mensch alles auf einmal neu erlernen. Es gilt also, zu priorisieren.

Gewohnheiten bilden

Es ist sehr hilfreich, dass bestimmte, sich wiederholende Tagesabläufe immer gleich gehandhabt werden und der Ablauf immer derselbe ist. So bilden sich Gewohnheiten. Das führt dazu, dass die Gewohnheiten mit der Zeit quasi automatisch ablaufen, das Gehirn keine große Überlegung oder Verrechnungsleistung mehr leisten muss und das Verhalten direkt in der Situation ausgelöst wird. Und Gewohnheiten sind sehr stabil und zuverlässig. Erinnern Sie sich noch an Ihre erste Fahrstunde? Sie brauchten noch viel Konzentration zum Unterscheiden der Pedale, um rechtzeitig zu schalten oder den Schulterblick nicht zu vergessen. Nach einigen Jahren laufen diese Vorgänge automatisch ab. Unter Umständen so automatisch, dass Sie nachdenken müssten, was genau Sie wann in welcher Reihenfolge machen, um dies einem Fahranfänger erklären zu können. Sie haben eine feste Gewohnheit gebildet, und diese zu vcrändern ist zum Beispiel beim Kauf eines Automatikautos nicht ganz einfach.

Wenn es gelingt, mit dem Hund Gewohnheiten zu etablieren, erreichen Sie sehr stabiles Verhalten und eine hohe Sicherheit in der Ausführung. Auch Signale können zu Gewohnheiten werden. „Sitz" heißt immer Popo auf den Boden packen, unter immer in kleinen Schritten steigender Ablenkung. Es kann auch als Gewohnheit etabliert werden, dass Mensch und Hund beim Auftauchen eines Fahrrades ein bisschen zur Seite gehen und der Hund sich absetzt. Gewohnheiten für bestimmte Situationen auf dem Gassigang schaffen Sicherheit für den Hund und gleichzeitig auch für den Menschen. Er muss nicht jedes Mal neu überlegen, wie er diese Situation meistert, sondern handelt ebenfalls quasi automatisch. Für Menschen, vor allem für die, die schnell in Stress kommen und dann unsicher werden, ist das eine enorme Hilfe.

> Feste Gewohnheiten schaffen Sicherheit und einen Rahmen.

Wenn Sie Ihrem Hund beibringen möchten, vor dem Rausgehen an der Tür zu warten, bis Sie hinausgeschaut und ihn zum Folgen aufgefordert haben, können Sie jedes Mal „Sitz" sagen, kurz nachdem Ihre Hand die Türklinke berührt hat. Ihr Hund setzt sich, Sie belohnen ihn und gehen gemeinsam raus. Mit der Zeit wird der Hund sich automatisch setzen, wenn Ihre Hand die Türklinke berührt. Und es kann auch gut sein, dass er sich mit der Zeit setzen wird, sobald Sie sich zur Tür orientieren.

Falls Ihr Hund noch kein Sitz kann, könnten Sie eine Handvoll Leckerchen hinter die Tür streuen oder einen gefüllten Leckerchenteppich auslegen. Während der Hund die Leckerchen sucht, können Sie die Tür öffnen und dann geht es gemeinsam hinaus. Auch hier wird der Hund eine Erwartungshaltung aufbauen, nämlich dass es an der Tür immer eine längere Verweildauer für die Kekssuche gibt. Daraus kann bald auch ein Warten aufgebaut werden und die Leckerchen können zunehmend ausgeschlichen werden.

Andere Beispiele für Situationen, in denen Gewohnheiten sehr hilfreich sein können, sind:

- Beim Aussteigen aus dem Auto auf ein Erlaubnissignal des Menschen warten und so lange im Auto bleiben.

- Feste Abläufe rund um die Fütterung und das Futter, vor allem bei Mehrhundehaltung.

- Feste Abläufe beim An- und Ableinen, damit dies in Ruhe ablaufen kann.

- Belohnungsrituale können Mehrhundehaltern das Leben sehr erleichtern und Ressourcenverteidigung vorbeugen oder bei Ressourcenverteidigung überhaupt erst ermöglichen, dass Belohnungen ohne Streiterei an den Hund gebracht werden können.

Lenny kann durch die Schleppleine beim Spaziergang abgesichert Bewegungsfreiheit genießen.

Verhalten verhindern über Managementmaßnahmen

Management kann in zwei Situationen hilfreich sein:

- Das Verhalten des Hundes ist gefährlich und soll keinesfalls auftreten

- Management vereinfacht Mensch und Hund das Zusammenleben und ermöglicht kleinschrittiges Lernen

Management bei gefährlichem Verhalten

Es gibt Verhalten, das schlicht gefährlich ist – für den Hund selbst, für andere Tiere oder die eigenen oder fremde Menschen. Dieses Verhalten soll nach Möglichkeit nie auftreten. In diesem Fall ist es zielführend, über sinnvolle und vorausschauende Managementmaßnahmen zu verhindern, dass das Verhalten überhaupt auftreten kann – zum Schutz aller Beteiligten und damit es nicht immer wieder angestoßen und eingeübt wird. Management bedeutet nicht, dass man dem unerwünschten Verhalten nicht auch mit Training begegnen soll. Management schafft Luft und Zeit, um zu priorisieren, kleinschrittige Trainingspläne zu entwickeln und diese dann nach und nach umzusetzen. Hier ein paar Beispiele für Situationen, in denen Management sinnvoll ist:

Eine Familie übernimmt einen Hund neu, er kennt noch keinen sicheren Rückruf und zeigt starkes Neugierverhalten. Er möchte alles Neue und Spannende untersuchen, begrüßen und anschauen. Es ist sinnvoll, diesen Hund so lange über eine lange Schleppleine zu sichern, bis man einen Rückruf aufgebaut hat. Während des Aufbaus eines Rückrufes ist es wiederum sinnvoll, den Hund zunächst nur in reizarmen Gegenden abzuleinen, in denen der noch leicht störbare Rückruf weiter gefestigt werden kann. Und überall, wo die Verlockungen zu groß sind, bleibt eben eine lange Leine dran, vor allem und in erster Linie natürlich in einer Umgebung mit Straßen oder Eisenbahngleisen. Begleiten sollte man dies dann mit der Überlegung, ob die Schleppleine ausreicht, dass der Hund seinen Bewegungsdrang ausleben kann oder wie man ihm hier für die Leineneinschränkung einen Ausgleich schaffen kann, zum Beispiel durch Flitzespiele an der Leine, eine eingezäunte große Fläche zum Freilaufen (vielleicht mit Hundekumpels) und so weiter.

Ein Hund kann nicht aushalten, wenn Menschen sich seinem Futternapf nähern und droht massiv, sobald dies passiert. Es kann hilfreich sein, diesen Hund über längere Zeit in einem separaten Raum bei geschlossener Tür oder hinter einem Kindergitter zu füttern. Der Mensch nähert sich außerdem zunächst nicht an, sondern bleibt immer auf der anderen Seite der Tür/des Gitters. Der Hund lernt so, dass es keine Notwendigkeit gibt, sein Futter zu verteidigen. Er kommt nicht immer wieder in die Situation, sich an seiner Ressource bedroht zu fühlen und zu drohen. Damit übt er das unerwünschte Verhalten nicht

weiter ein, im Gegenteil, es wird nicht mehr ausgelöst und nicht mehr gezeigt. Der Hund macht die Erfahrung, dass er in Ruhe fressen kann, ihn niemand stört und seine Ressource nie in Gefahr ist. Dieses Management schafft zunächst mal höchstmögliche Sicherheit für die Unversehrtheit der im Haushalt lebenden Menschen. Der Mensch übernimmt Verantwortung für die Situation. Der Hund wiederum kommt gar nicht in die Situation, dass er Abwehrverhalten zur Ressourcensicherung erfolgreich einsetzen kann. Der Mensch begrenzt den Hund darin durch die Managementmaßnahme. Parallel überlegen sich die Menschen, ob und wenn ja zu welchem Zeitpunkt sie an diesem Thema trainieren wollen und erstellen einen kleinschrittigen Trainingsplan. Dieser hat zum Ziel, dass der Hund lernen kann, dass es für ihn gute Konsequenzen hat, wenn sich der Mensch nähert, solange er am Napf ist. Bedürfnisnahes Arbeiten bedeutet in diesem Fall meist: Der Mensch kündigt an, dass er sich nähert. Der Mensch nähert sich nur so weit an, dass der Hund noch kein Abwehrverhalten zeigt. Wenn der Mensch sich genähert hat, wirft er dem Hund attraktive Leckereien zu und geht wieder weg. Nach und nach wird der Hund erwarten, dass die Annäherung des Menschen ankündigt, dass er zu seiner Ressource Futter noch weiteres leckeres Futter erhält. Das weckt

> Management-Maßnahmen sind kein Ersatz für Training, sondern schaffen Luft und Zeit, das Auftreten von Verhalten zu verhindern, bis man einen Trainingsplan entwickelt und abgearbeitet hat.

gute Emotionen beim Hund bei der Annäherung des Menschen. Ein Hund, der die Annäherung des Menschen mit freudiger Erwartung quittiert, wird kein Abwehrverhalten mehr zeigen, weil er sich durch die Annäherung nicht mehr bedroht und seine Ressource nicht mehr in Gefahr sieht. Dies kann weiter ausgebaut werden, bis dahin, dass der Hund sich am vollen Napf gut ansprechen lässt und der Napf auch weggenommen werden kann.

Management zur Erleichterung des Lernens

Wenn ein Welpe einzieht, der einfach noch gerne alles wegschleppen und zernagen mag, Neugier- und Erkundungsverhalten zeigt, die Welt eben auch mit dem Maul begreift, kann es sinnvoll sein, alles wegzuräumen, was wirklich wertvoll ist, ihm schaden kann oder das aus anderen Gründen nicht von ihm ins Maul genommen werden soll. Gleichzeitig wird vieles ausgelegt, was vom Welpen gerne gefunden und zernagt werden darf, um das in diesem Alter noch entwicklungsbedingt typische Verhalten aufzufangen. Das ist allemal besser, als den lieben langen Tag mit „Nein", „Schluss", „Aus" hinter dem Hund herzurennen, was bei Mensch und Hund schnell Frust und schlechte Laune aufkommen lässt und auch nicht dazu beiträgt, eine gute Beziehung miteinander aufzubauen. Wie bereits besprochen, enthält „Nein" keine Information, welches Verhalten erwünschter wäre.

Natürlich ist es sinnvoll, parallel dazu mit einem Welpen daran zu arbeiten, dass er weiß, welches Spielzeug seins ist und er haben darf und ihm wie oben beschrieben beizubringen, dass Abgeben von Dingen toll ist. Das kann man aber nur dann entspannt machen, wenn der Welpe nicht dauernd etwas im Fang hat, was wertvoll ist oder für den Hund gefährlich und vom Menschen gesichert und dem Hund weggenommen werden muss. Zumal die meisten Menschen dabei nicht entspannt bleiben, sondern in ihrer Sorge und Angst hektisch und schnell auf den Hund zuschießen, dabei meist schimpfen und ihm dann das begehrte Objekt aus dem Fang zerren. So lernen junge Hunde leider schnell, dass die Annäherung des Menschen nichts Gutes verheißt. Sie beginnen dann das, was sie im Fang haben, wegzuschleppen, wenn der Mensch sich nähert oder – schlimmer noch – es schnell herunterzuschlucken, bevor der Mensch da ist. Im schlechtesten Fall beginnen sie, die Beute zu verteidigen.

Hier verhindert Management, dass sehr menschliches reaktives Verhalten dazu führt, dass Hunde unerwünschtes Verhalten überhaupt erst entwickeln und vertiefen – einfach, indem man ihnen die Möglichkeit dazu nimmt. Die Menschen können entspannt bleiben und Zeit gewinnen, um zu üben, dass der Hund zum Beispiel im Rahmen eines Antigiftködertrainings nichts aufnehmen soll, und wenn er dies doch mal tut, das Gefundene auf Signal ausspucken oder abgeben soll. Bei diesem Beispiel geht es um ein entwicklungstypisches Verhalten, das mit dem Erwachsenwerden des Hundes in vielen Fällen von alleine nachlässt oder sogar ganz verschwindet. Hier kann Management dazu führen, dass Verhalten gar nicht erst eingeübt wird. Ein Welpe muss ja auch noch viele andere Dinge lernen: Stubenreinheit, Ruhe finden, sich ein Brustgeschirr anziehen lassen, Staubsaugen aushalten, Gassi gehen. Es kann eine Entlastung für den Welpen und den Menschen sein, die Möglichkeiten für unerwünschtes Verhalten zu minimieren. Und das darf man sich auch erlauben.

> Management kann verhindern, dass Gelegenheiten zum Zeigen unerwünschten Verhaltens überhaupt erst auftreten.

Wenn in einem Haushalt ein Hund mit einer Katze zusammenleben soll und erkennbar wird, dass der Hund die Katze noch jagen möchte, können Managementmaßnahmen eine enorme Hilfe dabei sein, dass dieses Verhalten nicht immer wieder gezeigt und weiter geübt wird, sondern das unerwünschte Jagen der Katzen weniger wird, während parallel dazu an erwünschtem Verhalten des Hundes bei Anwesenheit der Katze trainiert werden kann. Für das Management haben sich Kindergitter mit einer Katzenklappe bewährt, sodass die Katze sich zurückziehen kann oder zu ihrem Futterplatz bzw. Katzenklo gelangen kann und der Hund dort nicht hin kann. Erhöhte Liegeplätze und Catwalks durch den Raum für die Katzen ermöglichen es den Katzen, sich zurückzuziehen und Begegnungen zwischen Hund und Katze mit „Sicherheitsabstand" zu üben. Der Hund kann lernen, bei Bewegungen der Katzen ruhig und entspannt liegen zu bleiben. Je besser der Hund das gelernt hat, um so mehr können dann Managementmaßnahmen wieder abgebaut werden.

Ist Management ein Zeichen von Schwäche?

Menschen denken oft, wenn sie Managementmaßnahmen ergreifen, würden sie sich nicht ausreichend ihrem Hund gegenüber durchsetzen oder das „Problem" ja nur verschieben und nicht zu einer hilfreichen Lösungsfindung beitragen. Das löst schnell Druck oder auch wie Minderwertigkeits- oder Versagensgefühle aus. Bei kleinen Kindern werden gefährliche Treppen mit hoher Selbstverständlichkeit mit einem Kindergitter gesichert oder auch Steckdosen mit Kindersicherungen versehen. Kinder werden nicht allein in der Küche gelassen, wenn auf dem Herd Essen kocht oder ein Wasserkocher mit kochendem Wasser auf dem Tisch steht, da man in bestimmten Altersklassen der Kinder nie sicher sagen kann, was ihnen als nächstes einfällt. Wenn Kinder gehen lernen, wird die Wohnung kindersicher gemacht, in dem alle erreichbaren Regale aussortiert werden und die wertvollen oder möglicherweise gefährlichen Gegenstände weggeräumt werden. Dies sind Managementmaßnahmen. Bei Kindern sind sie selbstverständlich und werden als verantwortliches Handeln empfunden. Ich finde, es spricht auch bei Hunden für kluges, umsichtiges und planvolles Handeln, wenn Management eingesetzt wird, um das Einüben unerwünschter Verhaltensweisen zu verhindern, parallel kleinschrittiges Lernen des erwünschten Verhaltens zu ermöglichen und/oder Gefahrenquellen zu vermeiden. Es nimmt Druck und Stress und hilft so, das Training sinnvoll aufeinander aufbauend anzugehen. Management unterstützt auch dabei, dass der Hund unerwünschtes Verhalten nicht zeigt und nicht einüben kann, ist also eine deutliche Grenzsetzung und wichtiger Teil des Lernens. Verhalten, das nicht geübt wird und sich nicht lohnt, wird verschwinden, vor allem dann, wenn der Hund lernen kann, welches Verhalten in seiner Umwelt besser angebracht ist. Und dieses Verhalten wird bei Management häufig bereits mitgelernt. Sollte die ein oder andere Managementmaßnahme dauerhaft bleiben, wie zum Beispiel unsere Kindergittertür an der Küche, damit wir in der kleinen Küche ungestört kochen können, ist das auch kein Beinbruch, sondern eine gute und stressfreie Lösung für alle Beteiligten, die durchaus erlaubt ist. Es darf auch mal sein, dass Menschen sich eine Lösung leichtmachen!

Wunschverhalten trainieren

Wenn die Hundehalter sich für bestimmte immer wiederkehrende Situationen überlegt haben, welches Verhalten ihnen für ihr Leben mit ihrem Hund wichtig ist und wenn sie konkretisiert haben, wie genau ihr Wunschverhalten aussehen soll, geht es darum, dieses Verhalten zu trainieren und aufzubauen.

Das Wunschverhalten bei der Begrüßung von Menschen sind vier Pfoten auf dem Boden. Also wird der Hund immer dann belohnt, wenn er auf den Menschen, den er begrüßen möchte, zugeht und noch vier Pfoten auf dem Boden hat. Um die vier Pfoten auf dem Boden effektiv zu verstärken, ist es sinnvoll, darüber nachzudenken, was für den Hund in dieser Situation die

bedürfnisbefriedigende Belohnung, also der Verstärker, wäre. Dies findet man gut heraus, wenn man überlegt, welches Bedürfnis der Hund sich bei der Begrüßung eines Menschen erfüllen möchte. Wenn ein Hund an Menschen hochspringt, um diese freundlich zu begrüßen, Kontakt zu bekommen und soziale Interaktion herzustellen, kann er für das Pfoten-auf-dem-Boden-lassen genau damit belohnt werden, dass er die Aufmerksamkeit des Menschen bekommt und, wenn er das mag, gekuschelt wird, mit ihm gesprochen wird und so weiter. Dann ist sein Bedürfnis erfüllt und er muss quasi nicht mehr hochspringen. Eine weitere Möglichkeit ist es, dem Hund beizubringen, dass er sich vor den Menschen setzt und dann begrüßt wird.

So macht das Training Mensch und Hund viel Spaß und man gestaltet dennoch eine Grenze. Denn der Hund wird lernen, immer länger, bei immer höherer Ablenkung oder immer höherer Erregung mit vier Pfoten auf dem Boden bleiben zu können: Durch Ausbauen und Formen von Verhaltensweisen, die wir haben wollen, setzen wir auch Grenzen. Nur eben unter einem anderen Blickwinkel, quasi von der anderen Seite her. Natürlich hätte man dem Hund das Anspringen theoretisch auch abgewöhnen können, indem man ihn jedes Mal mit einer Wasserpistole anspritzt. Vordergründig sieht das Ergebnis gleich aus. Auf den zweiten Blick werden Unterschiede erkennbar sein. Aus welchem Grund sollte es sinnvoll sein, das Risiko einzugehen, dass ein Hund Menschen und typische Begrüßungssituationen mit unangenehmen Emotionen verknüpft

Vookies bevorzugtes Begrüßungsverhalten ist das Hochspringen.

Jetzt hat sie gelernt, dass sie nur begrüßt wird, wenn sie sich vor den Menschen hinsetzt.

und sie gegebenenfalls später meidet oder im schlechtesten Fall verbellt? Gibt es irgendeinen nachvollziehbaren Grund dafür, warum der unangenehme Weg dahin über Strafe (mit allen bekannten Nebenwirkungen) der bessere sein sollte als der über Kooperation und angenehme Gefühle aufgebaute?

> Grenzen kann man auch durch Aufbauen von erwünschten Verhaltensweisen setzen anstatt durch das Unterdrücken unerwünschter. Nur der Blickwinkel ist ein anderer!

Alternativverhalten aufbauen

Eine weitere Kategorie ist, dass Verhalten »unterbunden« werden soll, das jetzt gerade aktuell stört, aber nicht grundsätzlich verboten ist. Für diese Situationen wird ein Verhalten aufgebaut, das der Hund dann auf Aufforderung zeigen kann, bevor das unerwünschte Verhalten gezeigt wird. Ich finde es zum Beispiel durchaus schön, wenn meine beiden sich mal genüsslich auf einer Wiese wälzen. Weniger schön finde ich es, wenn sie dies in einem Güllefeld tun. Im ersten Fall lasse ich es einfach zu, im zweiten Fall fordere ich die beiden bei Sichtung des Güllefeldes auf, mit mir weiterzugehen oder sich hinzusetzen. Dazu gehört auch das bereits früher aufgeführte Beispiel des küssenden Hundes während der Vorbereitung zum Hundespaziergang. Wenn ich das nicht möchte, ist es wichtig zu kommunizieren, welches Verhalten ich vom Hund stattdessen möchte, welches Alternativverhalten er zeigen soll und ihn dazu aufzufordern. Zum Beispiel in dem ich den Hund zwei Meter von mir entfernt sitzen lasse.

Wenn ich meine Hunde mit ins Büro nehme und Kundenbesuch habe, ist es meist nicht erwünscht, dass die Kunden vom Hund zum Kuscheln aufgefordert werden. Dann schicke ich die Hunde, bevor der Kunde ins Büro kommt, mit einem Signal auf ihre Decke. Dieses wurde vorher aufgebaut und der Hund weiß in diesem Fall, dass er jetzt für eine längere Zeit Pause hat.

Wenn ein Hund noch kaum ein anderes Verhalten zuverlässig kann, regelt man die Situation für den Übergang des Übens durch Management. Ich leine bei Sichtung des Güllefeldes den Hund an und gehe mit ihm daran vorbei. Ich bitte ein Familienmitglied, den Hund an der Leine zu halten, bis ich meine Schuhe gebunden habe. Der Welpenzwerg, der so aufgeregt ist, dass er kaum zu bändigen ist und noch keine Entspannung kennt, kann in seiner Flitzerei eingeschränkt werden, indem er angeleint wird und vielleicht einen Kauknochen be-

> Ein Alternativverhalten ist eine prima Möglichkeit, um dem Hund eine Verhaltensmöglichkeit anzubieten, bevor er unerwünschtes Verhalten zeigen kann.

kommt, an dem er seine Erregung abarbeiten kann. Achtung allerdings hierbei, weil Bewegungseinschränkung sehr frustrierend sein kann und dies wiederum zu hoher Erregung führen kann. Oder man spielt noch an der Leine eine Weile mit ihm, achtet darauf, dass das Spiel immer ruhiger und langsamer wird, in den Bewegungen kleiner, und immer noch weniger und noch langsamer, bis die Erregung etwas abgeflacht ist und der Welpe besser zur Ruhe kommen kann. Oder man bringt den Zwerg in den Garten, wenn das gerade passt, und er kann da seine wilden fünf Minuten austoben. Oder man mischt diese Möglichkeiten miteinander – erst darf er sich ein bisschen austoben, dann wird gemeinsam langsamer gespielt, das Entspannungssignal genutzt und so in ruhigeres Verhalten übergeführt, bis es zum Abschluss vielleicht den Kauknochen gibt. Ganz individuell auf den Hund und auch auf die aktuelle Situation abgestimmt, in der das Verhalten auftritt.

Grenzen setzen und Führen geht auch mit Kooperation und Spaß

Bis jetzt haben wir also darüber gesprochen, wie man Grenzen setzt, indem man sich dem Übergang zwischen unerwünschtem und erwünschtem Verhalten von der Seite des erwünschten Verhaltens nähert, nämlich indem man

- grundsätzlich überlegt, welche Verhaltensweisen man für seinen Hund braucht und diese mit ihm kleinschrittig und nacheinander aufbaut

- Gewohnheiten etabliert

- Managementmaßnahmen nutzt, um unerwünschtes Verhalten gar nicht erst aufkommen zu lassen

- Wunschverhalten aufbaut und ausbaut

- unerwünschtes oder störendes Verhalten unterbricht, indem man in der Situation ein anderes Verhalten abruft, das der Hund bereits kann oder in das man den Hund locken kann.

Der ein oder andere ist jetzt vielleicht irritiert oder stellt sich die Frage, warum ich bisher nichts dazu geschrieben habe, dass man dem Hund

- doch auch mal zeigen muss, dass es so nicht geht

- klarmachen muss, dass er zu weit gegangen ist

- deutlich machen muss, was er falsch macht

- und so weiter!

Mit all den vorgestellten Möglichkeiten übernehme ich als Mensch die Führung und Verantwortung darüber, welches Verhalten der Hund wann zeigt. Ich bestimme, welches Verhalten zu welchem Zeitpunkt auftreten kann, welches ich keinesfalls auftreten lassen möchte und welches Verhalten mir besser gefällt. Ich führe sehr stark! Ja, es ist vielleicht nicht das, was allgemeinhin unter Führung verstanden wird, denn ich lasse den Hund nicht absichtlich und vorsätzlich in Verhaltensweisen rennen, die mir nicht gefallen, um diese dann zu unterbinden oder zu hemmen.

Ich nähere mich der Frage nach den Grenzen und Regeln im Zusammenleben mit dem Hund eben von dem Blickwinkel aus, dass ich gestalterisch bestimme, welche Verhaltensweisen ich haben möchte und nutze die Bedürfnisse des Hundes als Belohnungsmöglichkeit für das von mir bevorzugte Verhalten. Wenn erwünschtes Verhalten immer häufiger wird, bleibt immer weniger Platz für unerwünschtes Verhalten und dieses tritt gar nicht erst auf, tritt immer seltener auf oder verschwindet komplett. Ich konzentriere mich nicht zerstörerisch darauf, welche Verhaltensweisen ich bestrafen und ausrotten möchte. Deshalb bestimme ich durchaus direktiv, was ich haben möchte und auch, welche Freiheiten ich meinem Hund lasse oder auch nicht, welche Bedürfnisse ich ihm erfülle.

Mir persönlich ist es wichtig, dass es meinem Hund gutgeht. Dazu müssen auch seine Bedürfnisse, Veranlagungen, Vorlieben und Hobbies berücksichtigt und ihm Freiheiten gelassen werden. Die Erfüllung seiner Bedürfnisse ist aber auch, wenn wir ehrlich sind, nützlich für uns Menschen, weil wir damit unser Training erfolgreich und nachhaltig gestalten und unerwünschtes Verhalten verhindern können. Und Mensch und Hund haben dabei Freude und Spaß!

> Starke Führung entsteht nicht durch Maßregelungen und einschränkende Verbote, sondern durch vorausschauendes, planvolles und konsequentes Handeln im Interesse aller Beteiligten.

10. Geht es denn ganz ohne Unterbrechen unerwünschten Verhaltens?

Nun bleibt also die Frage zu klären, ob man im Leben mit Hunden denn ganz ohne das Unterbrechen unerwünschter Verhaltensweisen auskommen kann.

Und ist das Unterbrechen von unerwünschten Verhaltensweisen nur über unangenehme, ängstigende, schmerzhafte Einwirkungen, also über Verhaltenshemmung, möglich?

Verhaltenshemmung wird vorkommen

Im Leben mit unseren Hunden wird es vermutlich immer wieder mal dazu kommen, dass Verhalten durch unangenehme, ängstigende, schmerzhafte Einwirkungen unterbrochen, also gehemmt wird. Zum einen, weil das unbeabsichtigt passieren kann. Öfters habe ich Hunde im Training, die sich auf Armeslänge vom Menschen entfernt halten, sobald sie merken, dass der Mensch etwas von ihnen will. Häufig ist die Erklärung für das Meideverhalten gegenüber dem Menschen ganz einfach, dass der Mensch ein, zwei oder auch x-Mal mit einer raschen, zackigen Handbewegung nach dem Hund gegrapscht hat, was dieser unangenehm fand oder ihn gar erschreckt

hat. Das passiert meist nicht absichtlich, sondern weil der Hund vielleicht vor ein Auto zu laufen droht oder sich nicht anleinen lässt und dem Menschen die Geduld ausgeht. Auch, wenn man es im Alltag schlicht mal eilig hat und der Hund sich irgendwo total festgeschnüffelt hat, kann es sein, dass der Mensch den Hund mitzieht, weil er nicht bemerkt hat, dass der Hund stehengeblieben ist.

Zum anderen passiert es auch im Training manchmal, weil wir Menschen auch nicht zu jedem Zeitpunkt schnell genug für perfektes Timing sind oder Situationen unvorhersehbar entstehen. Viele Hunde lernen gut und schnell, bei Begrüßung des Menschen mit vier Füßen auf dem Boden zu bleiben, wenn das Untenbleiben häufig belohnt wird, gerne auch mit richtig viel Sozialkontakt durch den Menschen. Für manche Hunde ist das aber richtig schwierig, vor allem für die, die vor lauter Freude ganz aus dem Häuschen sind, wenn sie Menschen treffen und die dann auch noch sehr schnell in ihren Bewegungen sind. Da passiert es dann schonmal, dass sie eben doch auch noch hochspringen, weil so wenig Zeit für den Menschen bleibt, den Moment, wo die Pfoten noch auf dem Boden sind, zu kommentieren und zu belohnen.

> Je besser die Führung durch vorausschauendes Handeln und Festigung gewünschten Verhaltens, desto mehr Freiheiten können dem Hund gelassen werden.

Dann kann es durchaus sinnvoll sein, einen Schritt zurückzugehen und sich vom Hund wegzudrehen, sodass er wieder auf den Boden plumpst und merkt, dass er das Ziel nach Kontaktaufnahme und sozialer Zuwendung durch den Menschen eben nicht mit Hochspringen erreicht. Aber es ist nicht nötig, das Knie nach oben zu ziehen, damit der Hund beim Hochspringen dagegen springt, sich dabei richtig wehtut und die damit verbundene doofe Emotion vielleicht noch mit dem Menschen verknüpft und eine Ängstlichkeit gegen Menschen entwickelt. Denn der Hund wird begreifen, dass er das, was er mit dem Hochspringen erreichen möchte – Kontakt und soziale Zuwendung – schneller errei-

chen kann, wenn er mit vier Pfoten auf dem Boden bleibt.

Und nicht zuletzt hängt es stark von der Motivation des Hundes für ein Verhalten ab, das begrenzt bzw. verändert werden soll, ob es ausschließlich durch den Aufbau erwünschten Verhaltens durch positive Verstärkung erreicht werden kann. Es gibt Hunde, die nie so wirklich an der Leine ziehen und fast von selbst lernen, an einer lockeren Leine zu gehen. Ihnen reicht der Leinenradius von drei oder fünf Metern aus, um ihre Erkundungs- und Schnüffelbedürfnisse zu erfüllen. Bei anderen Hunden wiederum muss schon ein bisschen an der Leinenführigkeit geübt wer-

Ben und Vito brauchen bei Begegnungen noch eine gewisse Distanz zum anderen Hund. Wird diese unterschritten, verbellen sie ihr Gegenüber.

den. Sie lernen es aber zügig, indem das lockere Leinelaufen immer wieder belohnt wird. Und dann gibt es wieder Hunde, deren Drang zur Erkundung der Umwelt so groß ist und die so bewegungsfreudig sind, dass das Gehen an der Leine eine richtig schwierige Herausforderung für sie ist. Allein der Markt an Hilfsmitteln für das Erlernen von Leinenführigkeit zeigt auf, dass dies für viele Hunde gilt und nicht an der Unfähigkeit der Besitzer liegen muss. Bei diesen Hunden ist wohl eine Kombination aus positiver Verstärkung für lockeres Leinegehen und der Konsequenz gefragt, dass im Leinenzug der Weg keinesfalls zum begehrten Ziel und damit immer wieder zum Erfolg führt.

Sobald der Hund erkennbar das Leinenende erreichen und ziehen wird, wird angekündigt, dass nun Zug auf die Leine entstehen wird. Es ist dabei darauf zu achten, dass der Hund nicht mit zehn Meter Schleppleinenanlauf in die Leine brettert und sich massiv wehtun kann. Der Mensch gibt die Leine immer nur ein bisschen nach, sodass der Leinenhaken und wenige Millimeter der Leine locker über dem Hunderücken hängen. Wenn der Hund das Leinenende erreicht, entsteht kein Ruck, sondern ein langsamer, konstanter Zug. Bei einigen Hunden kann es sinnvoll sein, dass Mensch und Hund dann vom angestrebten Ziel des Hundes weggehen, wobei auch konstanter Zug auf

Für hochmotivierte Hunde kann es eine besondere Herausforderung sein, das Gehen an lockerer Leine zu lernen. Aber auch sie schaffen es bei konsequentem Training!

der Leine entstehen kann. Wichtig ist es, dass dieser dem Hund weder wehtut noch ihn ängstigt. Zusätzlich ist es sinnvoll, die Frustrationsbelastung des Hundes im Blick zu behalten. Kann er durchaus viel in den Freilauf, wird die Frustration beim Üben vermutlich gegeben sein, aber es gibt genügend Raum, um diesen zu kompensieren. Muss der Hund immer an einer Leine gehen, kann die Frustration sich summieren, was wie bei uns Menschen auch gerne zu überschießenden Reaktionen an anderer Stelle führen kann. Kommen weitere Frustfresser dazu, häufige Bewegungseinschränkungen zuhause, soziale Zuwendung des Menschen nur draußen beim Gassigehen, ständige Warteübungen, kein Buddeln dürfen, immer hinter dem Menschen gehen müssen und was es da nicht so alles gibt, wird die Leinenführigkeit

schwieriger. Es lohnt sich deshalb immer, das Drumherum auch mit in den Blick zu nehmen, um die Voraussetzungen für das Üben verbessern zu können.

Und wenn man unterbrechen muss?

Sicherlich wird es immer wieder vorkommen, dass ein Hund in Situationen kommt, in denen er aus unserer menschlichen Sicht unerwünschtes Verhalten zeigt, egal, wie vorausschauend und umsichtig der Mensch auch mit seinem Hund unterwegs ist. Ein Hund, der in Hundebegegnungen mit Leinenpöbelei reagiert, lebt nicht im luftleeren Raum und manchmal kommt ein anderer Hund plötzlich um die Ecke oder es geht jemand mit seinem Hund dort Gassi, wo man selbst gerade unterwegs ist und sonst eigentlich nie jemand kommt. Oder man ist im Training soweit, dass man nun mit mehr Ablenkung üben möchte und verschätzt sich eben darin, was der Hund schon kann. Und wenn dieses Verhalten nicht weiter eingeübt werden soll, sollte es auch unterbrochen werden. Dies gilt insbesondere bei Aggressions- und Abwehrverhalten und Verhalten, das für den Hund oder Dritte gefährlich sein kann. Die Frage ist, wie man in diesen Situationen das unerwünschte Verhalten unterbrechen kann. Grundsätzlich gilt, dass unerwünschtes Verhalten so schnell und so schonend wie möglich unterbrochen werden muss.

Unterbrechen durch ein bekanntes Signal

Jedes gut aufgebaute Signal kann unerwünschtes Verhalten unterbrechen, sofern der Hund es in diesem Moment noch ausführen kann. Ich habe einen Hund im Training, der gerne bellt, sobald er ein wenig aufgeregter ist. Die Halterin hat ihm beigebracht, auf Signal seine Schnute in einen aus Daumen und Zeigefinger gebildeten Kreis zu stecken. Wenn sie ihm das sagt, während er bellt, steckt er die Schnute in den Handkreis und hört auf zu bellen, weil das mit dem Fangöffnen auch etwas schwierig ist zwischen den Fingern. Aufgebaut wurde das wie ein Trick und es war wichtig, als er grundsätzlich die Übung begriffen hatte, sie unter immer leicht an-

Slash hat gelernt, auf Signal seine Nase in einen von der Hand gebildeten Ring zu stecken. So kann er nicht bellen - ein prima Alternativverhalten!

steigender Erregung abzufragen und auch weiterhin immer mal wieder in unaufgeregtem Kontext zu üben.

Ein gut trainierter Rückruf, dessen Belohnungen sich an den Bedürfnissen des Hundes orientieren, unterbricht zum Beispiel, wenn der Hund dem Reh hinterhergeht, einer Spur nachschnüffeln möchte oder den Hundekumpel begrüßen möchte.

Ein Welpenzwerg, der seine abendlichen „tollen fünf Minuten" hat, wird aktiv oder passiv entspannt, damit sich die Erregung abbauen kann. Bei Sichtung eines anderen Hundes kann der Hund abgerufen werden oder ein Handtouch abgerufen werden. Unterbrochen wird das in dieser bestimmten Situation gerade nicht passende Verhalten durch die Aufgabe, etwas anderes zu zeigen, was der Hund schon kann.

Ein Signal für „Geh auf deine Decke" unterbricht einen Hund mit einer klaren Handlungsvorgabe, der gerade auf das Sofa zusteuert, um sich drauf zu legen. Oder auch den Hund im Büro, der die Kunden vielleicht kurz begrüßen darf und danach auf seine Decke geschickt wird.

Ein Hund, der sich die Pizza gemopst hat oder ein Kinderspielzeug durch die Wohnung trägt, kann mit dem Signal für Ausgeben unterbrochen werden.

Hier erkennen Sie sicherlich die Querverbindung und Überschneidung zum Alternativverhalten. Alternativverhalten wird in Situationen eingesetzt, um zu vermeiden, dass zu erwartendes unerwünschtes Verhalten des Hundes auftritt. In diesem Abschnitt geht es darum bekannte und gut trainierte Signale zu nutzen, um bereits ge-

Ein gut trainierter Rückruf ist gleichzeitig ein hervorragendes Unterbrechungssignal.

zeigtes unerwünschtes Verhalten des Hundes zu unterbrechen. Die Signale können dieselben sein, es kann Teilmengen geben oder unterschiedliche Signale geben. Das ist immer von den individuellen Gegebenheiten des individuellen Mensch-Hund Teams abhängig.

Ein Stoppsignal

Ein gut aufgebautes Stoppsignal kann helfen, Verhalten zu unterbrechen. Ein solches Stoppsignal kann ein Sitz oder Platz auf Entfernung sein. Dies kann gut über angenehme Konsequenzen aufgebaut und

generalisiert werden, sodass es schlussendlich auch in sehr ablenkungsreichen Situationen zuverlässig gezeigt werden kann.

Ich arbeite auch immer wieder mit einem Signal, das für den Hund mit einer Verlagerung des Körperschwerpunkts nach hinten verbunden ist und zum Unterbrechen der Vorwärtsbewegung verwendet wird. Sofort danach bekommt er eine Aufforderung zu einem anderen Signal wie Absitzen, Herkommen und so weiter.

Ich persönlich nutze bei meinen Hunden das Geschirrgriffsignal dazu: Aufgebaut habe ich es, in dem ich ankündige, dass

Auch eine gute Möglichkeit, unerwünschtes Verhalten durch ein anderes, bekanntes zu unterbrechen: der Handtouch.

ich in den Seitengurt des Brustgeschirrs greife und sofort danach nach hinten gefüttert habe (sie mögen Futter als Belohnung sehr). Das Greifen stellt eine Bewegungseinschränkung für den Hund dar, die für viele Hunde durchaus unangenehm ist und Frust auslösen kann. Durch das Füttern wird diese direkt gegenkonditioniert. Bei Hunden, die bereits Meideverhalten zeigen, solange die Hand sich noch auf den Hund zubewegt, beginnt das Training bereits an dieser Stelle. Nach der Ankündigung nähert sich die Hand dem Hund nur so weit, dass er noch kein Meideverhalten

zeigt, die Hand bleibt an dieser Stelle und der Hund wird gefüttert. Die Hand nähert sich im Lauf der Trainingseinheiten immer mehr dem Hund an, bis der Mensch in das Geschirr greifen kann ohne dass der Hund Meideverhalten zeigt. Nach einigen Wiederholungen habe ich beim Griff ins Geschirr leichten Zug nach hinten-unten aufgebaut, und, wenn mein Hund diesem Zug nachgab, nach hinten belohnt. Bald war erkennbar, dass die Ankündigung alleine schon eine kleine Rückwärtsbewegung bei ihm auslöste, die dann nach hinten belohnt wurde. Je nach Erregungs-

Selma lernt, dass sie durch einen angekündigten Griff in ihr Brustgeschirr in der Bewegung einge-schränkt und nach hinten gefüttert wird. So löst die Ankündigung mit der Zeit bereits ein Innehalten in der Bewegung aus und kann als Stoppsignal in schwierigen Situationen genutzt werden.

lage reicht die Ankündigung oder ich grei-fe noch in das Brustgeschirr, wenn ich ihn beim Leinepöbeln bei Hundesichtung oder beim Auffressen einer gefundenen Bana-nenschale bremsen möchte. Diese kurze Unterbrechung nutze ich dann, um ein an-deres Signal abzufragen, wie zum Beispiel einen Handtouch.

Einsatz von Hilfsmitteln

Auch Hilfsmittel können durchaus für eine gewisse Zeit sinnvoll sein, wenn es darum geht, unerwünschtes Verhalten zu unter-brechen oder gar nicht erst aufkommen zu lassen.

Eine Schleppleine, die wegen der Verlet-zungsgefahr immer an ein Brustgeschirr gehört, ist zum Beispiel ein Hilfsmittel, das verhindern kann, dass der Hund mit Durchstarten zum Erfolg kommt. Die Schleppleine sollte dabei nicht immer in voller Länge auf dem Boden schleifen, sodass der Hund nicht mit Anlauf in die zehn Meter lange Leine donnert, sondern immer mit leichter Verbindung zum Hund

gehalten werden. Man kann bei Leinepöb-
lern auch vorübergehend und punktuell
die Leine am Brust- und Rückenring des
Brustgeschirres einhängen und mit dem
vorne eingehängten Leinenende den Hund
leichter vom Auslöser wegdrehen, als
wenn er nur hinten eingehängt wäre. Bei
Hunden mit Problemen im Bewegungsapparat sprechen Sie vorher mit dem Tierarzt
oder Physiotherapeuten ab, ob diese Anwendung Gefahren bergen könnte.

An einem Tag, an dem Ihr Hund es nicht
schafft, vor der Küche liegen zu bleiben,
kann das Kindergitter wieder mal geschlossen werden und gute Dienste leisten.

Bei Hunden; die Aggressionsverhalten und
Abwehrverhalten zeigen, kann es sinnvoll sein, einen Maulkorb einzusetzen.
Ein Maulkorb muss vorher langsam und
kleinschrittig auftrainiert werden, damit
der Hund ihn so selbstverständlich tragen
kann, wie ein Mensch seine Brille den gan-
zen Tag über auf der Nase hat.

Ein Maulkorb wird mit Bedacht eingesetzt,
um ein letztes Restrisiko abzusichern. Er
ist nicht die Lösung, um Situationen einfach laufen zu lassen, weil „der Hund ja
niemand mehr verletzen kann."

Ein gut auftrainierter Maulkorb wird vom Hund so selbstverständlich getragen wie von uns eine Brille
und ist ein sinnvolles Trainingshilfsmittel. Er ist eine große Unterstützung, wenn bei Abwehrverhalten das Training so weit gediehen ist, dass der nächste Schritt ansteht, weil er das kleine Restrisiko für
Verletzungen absichert.

Unterbrechen durch unangenehme Einwirkungen

Alle Einwirkungen, die für den Hund unangenehm, erschreckend oder schmerzhaft sind, können in einem Kontinuum zwischen mild und nebenwirkungsarm und extrem aversiv und nebenwirkungsträchtig eingeordnet werden. Dabei ist es sehr vom individuellen Hund abhängig, was dieser als wenig beeindruckend, mild aversiv empfindet und was er als sehr erschreckend/unangenehm, sehr aversiv empfindet.

Von einigen ängstlichen Hunde kenne ich es, dass bereits die kleinste Spannung auf der Leine bereits sehr beängstigend ist und die Hunde einfrieren, sich auf den Boden kauern und deutliche Stresszeichen zeigen. Die menschliche Einschätzung, dass das ja gar nicht schlimm war, ist dabei völlig irrelevant, weil es für die betroffenen Hunde große Ängste auslöst. Es ist im Training mit dem Hund auch dann, wenn Verhalten mal unterbrochen werden muss, nicht sinnvoll und notwendig, Einwirkungen zu wählen, die ihn ängstigen, erschrecken oder ihm gar Schmerzen zufügen. Grundsätzlich gilt, dass die Einwirkung so mild

Was ein Hund als aversiv empfindet, ist sehr individuell. Diesen Husky verunsichert die ausgestreckte Hand.

unangenehm im Sinne der Lerntheorie wie möglich ist. Ängstigende oder erschreckende Einwirkungen sind nicht nötig. Es gilt also immer, die Körpersprache und das Ausdrucksverhalten des Hundes sehr genau zu beobachten, um die Bewertung des Hundegehirns der Intensität der unangenehmen Einwirkung erkennen zu können und zu berücksichtigen.

All jene, die Grenzen über Verhaltenshemmung setzen und dabei neben mild unangenehmen auch massiv unangenehme, ängstigende oder schmerzhafte Einwirkungen nutzen, müssen sich als Hundehalter

- sehr genau mit den Regeln für Bestrafung beschäftigen

- ein ausgesprochen gutes Timing haben, um die Einwirkung genau zum richtigen Zeitpunkt und immer, wenn das Verhalten auftritt, zu setzen

- genau abschätzen können, welche Einwirkungen vom eigenen Hund wie stark empfunden und bewertet werden, um ausreichend verhaltenshemmend zu sein, ohne dabei den Hund massiv zu belasten

- und zusätzlich ein Verhalten aufbauen, das man dann anschließend abrufen möchte.

Für denjenigen, der bereit ist, sich so intensiv mit Lernmechanismen und Lernregeln auseinander zu setzen und sich in der praktischen Umsetzung üben möchte, ist es ein Leichtes, sich stattdessen darüber Gedanken zu machen, wie man erwünschtes Verhalten gut aufbauen kann, bedürfnis-

sorientiert und effektiv Verhalten verstärkt und einen Abgleich zwischen erlaubnisgebenden und einschränkenden Regeln unter der Berücksichtigung und Abwägung der eigenen Bedürfnisse und denen des Hundes schaffen kann. Oder um es mit den Worten, die Dr. Ian Dunbar zugeschrieben werden, zu sagen: „Um Schreckreize als effektive Trainingsmaßnahme einzusetzen, braucht man drei Fähigkeiten: ein tiefes Verständnis des Hundeverhaltens, ein tiefes Verständnis der Lerntheorie, tadelloses Training. Und wenn man alle drei Fähigkeiten hat, benötigt man keine Schreckreize".

Aber wenn …

Es gibt vereinzelt sicher mal Situationen im Zusammenleben mit Hunden, in denen das Verhalten des Hundes wenn irgend möglich unterbrochen werden muss, um wirkliche Gefahren vom Hund selbst oder Dritten abzuwenden. Wenn ein Hund im Freilauf ist, davon prescht und dabei auf eine stark befahrene Bundesstraße zu rast, dann ist zum Schutz des Hundes und der Autofahrer dringend geboten, den Hund zu stoppen.

Wenn der Hund noch ansprechbar ist und der Hundebesitzer noch denk- und handlungsfähig, kann der Hund durch einen Rückruf oder ein Stoppsignal gestoppt werden.

In solchen Situationen geraten Hundebesitzer in eine massive Stresssituation. Und auch Menschen reagieren unter Stress nicht immer logisch und überlegt, sondern impulsiv und unreflektiert. Vielleicht fällt dem Hundebesitzer in diesem Moment schlicht nicht ein, den Rückruf einzusetzen. Vereinzelt mag es auch Situationen geben, in denen dies vielleicht nicht mehr möglich ist, obwohl die Signale grundsätzlich super verknüpft sind und zuverlässig ausgeführt werden.

Wenn in einem solchen Moment, der Mensch seinen Hund durch ein lautes, bedrohliches Nein stoppt, etwas nach dem Hund wirft, was den Hund stoppt, der Hund eingefangen wird, wendet das die Gefahr für alle Beteiligten ab. Das ist aber in meinen Augen dann eine außergewöhnliche Notsituation, die weder etwas mit der Frage nach Grenzsetzung zu tun hat noch etwas mit Frage nach Trainingswegen. Das ist in diesem Moment reines Notfallmanagement und der Stresssituation geschuldet, in der dem Menschen nichts anderes mehr einfällt, was zutiefst menschlich und biologisch normal ist.

Für den Hund ist es gleichzeitig dennoch eine Lernsituation. Wie stark er durch die Einwirkung der Bezugsperson dann in der Folge belastet ist, ist mit Sicherheit sehr abhängig vom individuellen Hund. Wenn ein umweltsicherer Hund bisher grundsätzlich viele gute Erfahrungen mit seiner Bezugsperson hat, ist die Wahrscheinlichkeit, dass es das Verhältnis zur Bezugsperson bei einmaliger Notsituation nicht nachhaltig beeinträchtigt wird, groß. Wenn der Hund bereits mit Ängstlichkeit zu kämpfen hat, kann auch diese Einwirkung in einer Notsituation nachhaltige Folgen haben. Ob der Hund die Einwirkung mit der eigenen Bezugsperson verknüpft oder mit den Geräuschen, dem Ort, den Autos oder anderen in der Situation für den Hund

wahrnehmbaren Reizen, kann nicht vorhergesagt werden.

Aber bei …hunden geht das doch nicht anders!

Dieses Argument hören ich und viele meiner Trainerkolleginnen oft. Bei dieser oder jener Rasse geht das aber nicht, weil die sind stur, willensstark, eigenwillig, selbständig, nicht bestechlich oder was auch immer. Und bei den wirklich gefährlichen Hunden, die offensiv aggressiv sind oder schon gebissen haben, da geht das auch nicht. Denen muss man doch unbedingt klarmachen, dass ihr Verhalten keinesfalls akzeptabel ist. Denen muss man doch aber wirklich mal Grenzen setzen dürfen, indem man das unerwünschte Verhalten mit unangenehmen Einwirkungen unterbindet. Sonst merken die ja nie, dass es so nicht geht. Es wäre ja zum eigenen Schutz der Hunde, denn sonst würden sie mit Sicherheit eingeschläfert.

Die Lerngesetze funktionieren bei allen Säugetieren gleich, ohne Ausnahme, es sei denn, es gibt Erkrankungen, die Lernen unmöglich machen oder erschweren. Die Zugehörigkeit zu einer Rasse korreliert mit einer gewissen Wahrscheinlichkeit für bestimmte typische Verhaltensweisen, Reizschwellen und Erregungsverläufe. Dennoch ändert das nichts an der grundsätzlichen Art zu lernen.

Die Wirkung des Lernens von erwünschten Verhaltensweisen über angenehme, bedürfniserfüllende Konsequenzen hört auch nicht bei Hunden auf, die aggressive Verhaltensweisen zeigen oder gar schon mehrfach zugebissen haben. Ganz im Gegenteil! Aggressionsverhalten hat aus Hundesicht einen logischen und berechtigten Grund, es dient der Sicherung des eigenen Wohlbefindens, von Ressourcen und der eigenen Unversehrtheit. Dies ist Verhalten, das zum normalen Verhaltensrepertoire von Hunden gehört, fernab menschlich moralischer Beurteilungen und Bewertungen.

Wenn Aggressionsverhalten des Hundes mit Aggressionsverhalten des Menschen beantwortet wird, besteht immer die Gefahr, dass der Hund sich zur Wehr setzt und sein Aggressionsverhalten steigert. Es ist somit grundsätzlich eine risikoreiche Entscheidung, Aggressionsverhalten des Hundes mit Schreck- oder Schmerzreizen zu beantworten und eine Eskalation zu riskieren. Wenn es gelingt, Aggressionsverhalten durch Schreck- oder Schmerzreize zu unterbrechen, sieht das zunächst für den Menschen sehr erfolgreich aus, da der Hund in der Situation sofort aufhört, das unerwünschte Aggressionsverhalten zu zeigen. Es kann auch dazu führen, dass das Aggressionsverhalten in der nächsten Situation unterdrückt wird und der Hund aus Angst davor, dass er zum Beispiel mit einem Schnauzengriff angegangen oder auf den Rücken gedreht wird, sein Knurren oder Schnappen sein lässt. Auf den ersten Blick ist das unerwünschte Aggressionsverhalten ganz verschwunden. Der Grund allerdings, weshalb der Hund in diesem Moment Knurren oder Schnappen für notwendig hält, ist nicht verschwunden! Die Angst vor der strafenden Einwirkung ist lediglich akut größer und deckelt so das Verhalten. Allerdings wird eine weitere unangenehme Emotion mit in die Situation gepackt, nämlich die Angst vor der Einwirkung. Das führt zu keiner wirklich verlässlichen Veränderung des Abwehrverhaltens, sondern unterdrückt das Verhalten lediglich, während es im Hund weiterhin brodelt. Diese Hunde sind unter Umständen eine tickende Zeitbombe oder wie ein vor sich hinköchelnder Vulkan: das Bedürfnis nach Abstand bleibt bestehen und wird vermutlich sogar größer durch die erwartete erschreckende und gar schmerzhafte Einwirkung des Menschen. Wenn sich irgendwann die Situation nicht schnell genug wieder auflöst, die Einwirkung nicht zu erwarten ist, die Grundbelastung des Hundes größer wird oder Schmerzen dazukommen (oder mehrere dieser Gründe zusammenkommen), muss damit gerechnet werden, dass das Verhalten erneut ausbricht, und zwar vielleicht massiver als jemals zuvor.

Wenn ein Hund, der Aggressionsverhalten zeigt, lernen kann, dass es gar keinen Grund gibt, in dieser Situation Abwehrverhalten zu zeigen, sein Wohlbefinden und seine Sicherheit gewährleistet sind und Ressourcen nicht in Gefahr sind bzw. er vielleicht gar noch etwas Besseres erwarten kann, wird das Aggressionsverhalten abnehmen, weniger impulsiv und besser zu managen werden bzw. unter Umständen ganz verschwinden. Gleichzeitig kann an einem zuverlässigen Alternativverhalten trainiert werden, mit dem der Hund sein Wohlbefinden, seine Sicherheit oder seine Ressource sichern kann. Ebenso wird an Signalen und Verhaltensweisen trainiert, die sicher abrufbar sind, auch bei großer Erregung. Für die Zuverlässigkeit des Verhaltens jenseits von Abwehrverhalten ist die Generalisierung des Erlernten wichtig

Manche Hunde müssen erst lernen, dass ihre Ressourcen nicht in Gefahr sind, wenn der Mensch sich nähert.

– und dass wirklich zuverlässig angenehmere Emotionen in der Auslösesituation hervorgerufen werden.

Lernen über angenehme Konsequenzen ist sehr nachhaltig. Immer wieder zeigen Zoos zum Beispiel mit ihrem Medical Training bei Krokodilen, Giraffen oder Raubkatzen, wie belohnungsbasiertes Training Behandlungen oder Körperpflege möglich macht und die Tiere diese gelassen zulassen. Warum sollte all das bei Hunden nicht auch möglich sein?

Ein für mich sehr einprägsames Erlebnis war das Training mit einem Hund, der, als er bei seiner neuen Familie einzog, ein gro-

ßes Paket an Verhaltensthemen mitbrachte. Was genau er in den Jahren zuvor erlebt hatte, konnte nicht herausgefunden werden. Folgende Verhaltensweisen tauchten nach Einzug sehr zeitnah auf:

• Verteidigung von Ressourcen aller Art (Futter, Kauartikel, Spielzeug, selbst Gefundenes), sobald ein Mensch sich annäherte

• Anfassen war sehr schwierig, Streicheln nicht möglich, Brustgeschirr anziehen schwierig, Körperpflege unmöglich, unerwartete und plötzliche Berührungen wurden mit Abwehrverhalten beantwortet

Auch misstrauische Hunde, die mit Abwehrverhalten in der Vergangenheit Erfolg hatten, können wieder Entspannung im Umgang mit Menschen lernen.

- Annäherung an Liegeplätze oder wenn er auf dem Boden lag wurde mit Abwehrverhalten beantwortet

- Bewegungen aller Art in Richtung des Hundes konnte mit Abwehrverhalten beantwortet werden

- Hundebegegnungen waren schwierig, entgegenkommende Hunde wurden verbellt

- Sobald er im Auto saß, bellte er

Die Familie musste jederzeit mit Abwehrverhalten des Hundes rechnen und es gab blaue Flecken, Quetschungen und auch Bissverletzungen, die ärztlich versorgt werden mussten.

Trainiert wurde in einer Kombination aus Management, Übungen und Signale aufbauen außerhalb des Kontextes Abwehrverhalten, Stressreduktion, Frustrationsreduktion und Behandlung gesundheitlicher Beeinträchtigungen. Solange das Futter vorbereitet wurde, wartete der Hund in einem extra Zimmer hinter einem Kindergitter. Zum Futter wurde geschleust. Das Tragen eines Maulkorbs wurde zügig trainiert, Brustgeschirr anziehen wurde angekündigt und „schöngefüttert"; Anleinen und Ableinen wurde angekündigt und belohnt, Räume betreten wurde angekündigt und dem Hund die Möglichkeit gegeben, sich auf eine ausreichende Distanz zu entfernen. Außerdem schlief der Hund in einem Extraraum. Parallel wurde ein Markersignal etabliert und jedes deeskalierende Verhalten, das der Hund von sich aus zeigte, wurde gemarkert und belohnt. Er durfte in den ersten Wochen viel schlafen und wurde nur unvermeidbaren Stresssituationen ausgesetzt. Da er gut alleine bleiben konnte, war es möglich, ihm immer wieder Auszeiten zu schenken, in denen ihn niemand störte und er sich wirklich fallen lassen, abschalten und schlafen und so seine Akkus immer wieder aufladen konnte.

Da der Hund sehr freudig und auch schnell lernte, konnten außerhalb der problematischen Kontexte etliche Signale aufgebaut und gefestigt werden, wie Geschirrgriff, Umorientierungssignal, Kinn- und Handtouch, Entspannungsübungen, Das Prinzip der Ankündigung von Handlungen kannte der Hund bald gut. Es wurde dann auch gezielt beim Anfassen eingesetzt und auch bei der Annäherung von Ressourcen. Anfassen ankündigen, anfassen (am Anfang blieb die Hand noch in der Luft), es begann etwas Schönes, das Schöne hört auf, die Hand verschwand.

Der Hund bekam an einem Ort, an dem es noch nie einen Zwischenfall gab, eine Ressource wie etwa einen Kauknochen, der Mensch kündigte an, dass er sich näherte, ging ein oder zwei Schritte auf den Hund zu, markerte und ließ tolle Belohnungshappen fliegen, bevor er wieder ging. Der Hund lernte: Wenn der Mensch kommt,

bekomme ich mehr und vor allem richtig tolle Sachen und der Mensch geht wieder!

Mit der Zeit gingen die Menschen immer dichter an den Hund heran oder verlängerten den Zeitraum ihrer Anwesenheit. Später wurde das auf andere Orte und andere Ressourcen übertragen. Mit der Zeit wurde eingebaut, dass an der Ressource ein Handtouch oder ein Sitz abgefragt wurde, dieses wurde belohnt und der Hund wieder an die Ressource freigegeben. Mit der Zeit wurde daran gearbeitet, dass der Mensch nach der Ressource greifen bzw. der Hund die Ressource abgeben konnte.

Das Training wurde kleinschrittig aufgebaut, gut durchdacht und geplant, es wurden ausreichend Erholungspausen eingebaut und auslösende Bedingungen verbessert. Alle einzelnen Schritte wurden gut generalisiert und als Gewohnheit etabliert.

Heute kann der Hund im Bett und auf dem Sofa liegen, die Menschen können überall an ihm vorbeigehen, wenn er liegt und sogar über ihn steigen. Er lässt sich von den eigenen Menschen durchknuddeln, Krallen schneiden, Zecken entfernen, und wenn es ihm zu viel wird, verlässt er die Situation (das durfte er immer beim Üben, jeder kleine Ansatz dazu wurde verstärkt) und es geht dann beim zweiten oder dritten Start oder manchmal eben erst am nächsten Tag. Er kann in demselben Raum fressen, in dem sich seine Menschen aufhalten und umhergehen. Seine Menschen können sich annähern, wenn er eine Ressource hat, auch wenn sie es nicht gesehen haben und deshalb keine Ankündigung kam. Er gibt Ressourcen auf Bitte ab, manchmal auch dann, wenn er gerne einen Nachschlag hätte. Neulich stolperte sein Mensch auf dem Gang, wo er lag und schlief, in ihn hinein, stieg ihm auf die Pfoten: Er ging weg, der Mensch stolperte um sein Gleichgewicht ringend hinter dem Hund her, berührte ihn dabei wieder unsanft und er wich weiter aus.

Die Menschen können ihn streicheln, auch, wenn er auf dem Boden liegt. Und all das zeigt er sehr stabil, obwohl seit einiger Zeit das Alter und das ein oder andere schmerzhafte Zipperlein den Hund zusätzlich belasten.

Wenn ein Hund Abwehrverhalten zeigt, dabei andere Tiere oder Menschen bedroht und vielleicht sogar verletzt, ist es unabdingbar, dass der Hund dies nicht immer wieder tun darf. Zum Schutz der Menschen oder Tiere und auch zum Schutz des betroffenen Hundes muss dafür gesorgt werden, dass das Abwehrverhalten nicht mehr auftauchen kann. Dann wird ein genauer kleinschrittiger Trainingsplan erarbeitet, damit der Hund lernen kann, wie er diese Situationen anders bewältigen kann.

Das Zusammenleben mit einem Hund, der Abwehrverhalten zeigt, ist für die Menschen sehr anstrengend und emotional belastend. Sie haben ein berechtigtes Bedürfnis nach Entlastung und Schutz. Dies kann durch Management und belohnungsbasiertes und bedürfnisorientiertes Training erreicht werden. Dies ist hoch effektiv und setzt hervorragend die Grenzen, auch bei Abwehrverhalten des Hundes.

11. Zusammenfassende Abschlussgedanken

Grenzen sind also einschränkende Regeln, die neben erlaubnisgebenden Regeln das Zusammenleben von Mensch und Hund bestimmen. Grenzen setzen wir Menschen in der Regel dann, wenn Hunde aus unserer Sicht unerwünschtes Verhalten zeigen, das aus Hundesicht aber durchaus logisch und biologisch sinnvoll oder halt einfach noch unreif und impulsiv ist. Dabei kann man sich dem Übergang, der Grenzen zwischen erwünschtem zu unerwünschtem Verhalten, auch durchaus von der Seite des erwünschten Verhaltens nähern und unter diesem Blickwinkel die Regeln aufstellen.

Hierfür gibt es verschiedene Wege:

- indem in bestimmten Situationen Verhalten durch Management vermieden wird

- indem der Mensch sich Gedanken macht, welche Verhaltensweisen für seinen Hund wichtig sind und er sich mit dem Hund dieses Verhalten zusammen erarbeitet und im Training aufbaut

- indem der Hund, wenn er unerwünschtes Verhalten zeigt, durch die Information unterbrochen wird, welches Verhalten er in dieser Situation stattdessen zeigen soll.

- und manchmal auch durch Kombination: das erwünschte Verhalten wird verstärkt und das unerwünschte gezeigte Verhalten des Hundes wird gehemmt.

> Grenzen setzen ist schlussendlich nichts anderes als Lernen.

Dabei ist es enorm wichtig, so mild hemmend wie irgend möglich zu sein. Und es ist wichtig, sich immer wieder bewusst zu machen, dass dieser Baustein in der Anwendung nicht einfach ist und sehr nebenwirkungsreich sein kann und deshalb wirklich gut überlegt und durchdacht sein sollte. Und dieser Baustein kann sehr viel kleiner gehalten werden, als es gemeinhin den Anschein hat. Ich würde sogar so weit gehen, zu sagen, dass es im Training mit dem Hund für den Menschen erstrebenswert ist, wo immer irgend möglich ohne Verhaltenshemmung auszukommen und wo immer möglich andere Wege zur Verhaltensveränderung oder Verhaltensformung vorzuziehen.

Die in der Fachwelt oder Öffentlichkeit geführte Diskussion, die ein Gegensatzpaar zwischen Hundeerziehung, die auch Grenzen setzt und Hundeerziehung über positive Verstärkung aufbaut, ist schlicht irreführend. Es ist kein Gegensatzpaar. Jeder, der seinem Hund in bestimmten Bereichen vorgibt, wie er sich am besten zu verhalten hat, setzt Grenzen. Jeder, der mit einem Hund zusammenlebt, stellt auf die eine oder andere Art Regeln auf. Es ist wohl eben eher die Frage des Blickwinkels, auf welche Weise man diese Grenzen und Regeln aufstellen möchte.

Grenzen setzen ist nichts anderes, als dem Hund innerhalb der Grenzen der Lerntheorie zu zeigen, welches Verhalten aus Menschensicht erwünscht ist, dieses zu etablieren und dadurch unerwünschtes Verhalten gar nicht erst aufkommen und wachsen zu lassen.

Und es beinhaltet, dass in Situationen, in denen unerwünschtes Verhalten auftauchen kann, dieses so schnell und schonend wie möglich durch das Abrufen von Signalen oder auch angekündigten, mild unangenehmen Konsequenzen unterbrochen wird.

Grenzen setzen ist schlussendlich Lernen. Häufig wird Grenzen setzen aber als Synonym für Verhaltenshemmung durch deutlich unangenehme, ängstigende oder schmerzhafte und zum Teil sogar massive unangenehme, erschreckende, schmerzhafte Einwirkungen oder massive Bedürfnisverweigerung und Aushungern des Hundes benutzt. Hinterfragen Sie deshalb immer sehr genau, was jemand genau meint, wenn er davon spricht, dass es nötig sei, dem Hund Grenzen zu setzen und prüfen Sie gut, über welche Einwirkungen und Vorgehensweisen diese Grenzen gesetzt werden sollen.

Ich möchte Ihnen Mut machen, sich nicht unter Druck setzen zu lassen. Sie müssen keine Angst haben, dass Ihr Hund ein unberechenbarer Partner auf vier Pfoten sein wird, wenn Sie freundlich und verständnisvoll mit ihm umgehen, seine Bedürfnisse ebenso wie Ihre eigenen berücksichtigen und kleinschrittig und konsequent Verhalten aufbauen, das Sie sich wünschen.

Sie dürfen Ihrem Hund und sich selbst Zeit zum Lernen geben, die Zeit des Lernens durch sinnvolle Managementmaßnahmen unterstützen und Ihre eigenen Regeln für Ihr Zusammenleben mit Ihrem Hund finden. Ich wünsche Ihnen von Herzen, dass Sie selbst die Erfahrung machen können, wie bereichernd es ist, im Zusammenleben mit dem Hund auf die Bedürfnisse beider Rücksicht zu nehmen, sie unter einen Hut zu bekommen und zu sehen, wie Vertrauen und Bindung gestärkt werden – durch einen vernünftigen und sachgemäßen Einsatz von erlaubnisgebenden Regeln, Managementmaßnahmen, Training erwünschter Verhaltensweisen und sanftem Setzen von einschränkenden Grenzen.

Grenzen ganz praktisch

Über die Autorin

Martina Maier-Schmid ist in in ihrem Erstberuf Sozialpädagogin und arbeitet seit vielen Jahren in der Beratung von Menschen. Seit 2016 beschäftigt sie sich intensiv mit der gewaltfreien Kommunikation nach Marshal B. Rosenberg. Zusätzlich ist sie geprüfte Hundetrainerin Animal Learn sowie CumCane Verhaltenstrainerin für Mensch und Hund und CumCane GoSniff Trainerin. Seit 2006 führt sie ihre eigene Hundeschule »Tandem« in Loßburg (Landkreis Freudenstadt) im Schwarzwald. Sie ist Mitglied im Internationalen Berufsverband der Hundetrainer & Hundeunternehmer (IBH) e.V., Online-Trainerin bei Hey-Fiffi.com, Unterstützerin der Initiative Trainieren statt Dominieren und zusätzlich als Referentin unterwegs.

Mit ihrem Ehemann und ihren aktuell drei eigenen Hunden nimmt sie immer wieder auch Pflegehunde bei sich auf und bereitet diese auf ihr Leben in den Adoptionsfamilien vor.

Meine erste Hündin Eika.

Danksagung

Ich möchte mit von Herzen beim Verlag bedanken - für die Möglichkeit, dieses Buch zu veröffentlichen und für die geduldige Unterstützung von meiner Lektorin Gisela Rau.

Für die Unterstützung einiger Kolleginnen und Freundinnen bin ich ebenfalls sehr dankbar. Immer wieder haben sie mit mir einzelne Gedanken durchgespielt, mir Feedback gegeben und mir so immer wieder neue Blickwinkel und Anregungen geschenkt. Eine große Bereicherung für mich und auch für das Buch!

Ich danke aus tiefstem Herzen all meinen Freundinnen und Kundinnen, die bereit waren, sich und ihre Hundeschätze für die Bebilderung dieses Buches ablichten zu lassen – und meinem Mann für seine Zeit und seine Fotokunst. Die Fotosession hat uns riesig Freude gemacht und ich bin glücklich über diese tolle Unterstützung.

Gerne denke ich auch an all die Ausbilderinnen zurück, von denen ich lernen durfte, die mir ihr Wissen weitergegeben und mich gefördert haben. Ich bin froh und dankbar, dass ich jede einzelne kennenlernen durfte und von ihr lernen durfte.

Ein ganz spezieller Dank gilt meiner ersten Hündin, meiner Eika. Mit ihr habe ich mir 1998 einen Kindheitstraum erfüllt und sie war mir eine geduldige, Fehler verzeihende Lehrmeisterin. Sie war bei meiner ersten Ausbildung an meiner Seite und hat und meine ersten Pflegehunde begleitet, bevor sie 2012 über die Regenbogenbrücke ging. Ohne Eika wäre ich keine Hundetrainerin, gäbe es keine Hundeschule und kein Buch über Grenzensetzen bei Hunden. Sie wird immer ihren ureigenen Platz in meinem Herzen haben und in meiner Hundeschule weiterleben.

Quellenangaben und Lesetipps

Ray Coppinger,
Hunde. Neue Erkenntnisse über Herkunft, Verhalten und Evolution
der Kaniden.
Animal Learn Verlag, 2003

James O´Heare,
Die Neuropsychologie des Hundes.
Animal Learn Verlag, 2009

James O´Heare,
Die Dominanztheorie bei Hunden. Eine wissenschaftliche Betrachtung.
Animal Learn Verlag, 2005

James O´Heare,
Das Aggressionsverhalten des Hundes. Ein Arbeitsbuch.
Animal Learn Verlag, 2009

Anders Hallgren,
Stress, Angst und Aggression bei Hunden.
Cadmos, 2011

Anders Hallgren,
Das Alpha-Syndrom. Über Führung und Rangordnung bei Hunden –
was das ist und was nicht.
Animal Learn Verlag, 2006

Anders Hallgren,
Gute Arbeit! Über die Eignung und Motivation von Arbeitshunden.
Animal Learn Verlag, 2005

Heike Westedt,
Schreck lass nach! Der Einfluss von Stress und Angst auf Gehirn
und Verhalten.
CumCane Edition, 2013

Jean Donaldson,
Meins! Unerwünschtes Besitzverteidigungsverhalten bei Hunden
erkennen und behandeln.
Birgit Laser Verlag, 2006

Sybille Ehlers,
Probleme mit Hunden lösen – aber richtig.
Das Handbuch für Hundebesitzer.
Grin Verlag, 2013

Vortrag Dr. Ute Blaschke-Berthold
zum Thema Grenzen in der Hundeerziehung.
Fachtagung Berufung Hund, 2012

John Bradshaw,
Hundeverstand.
Kynos Verlag, 2012

David Mech,
Alpha-Status. Dominanz und Arbeitsteilung in Wolfsrudeln (Canis lupus).
Canadian Journal of Zoology 77: 1196-1203, 1999

Ian Dunbar,
https://thedogtrainingsecret.com/blog/dr-ian-dunbar-quotes/?fbclid=IwAR0N
Smg99hyjVANhc4xJAKmKWyqBb7lYAyxSOH6cduAZldA1UxjxtCcKEeY

Katrien Lismont,
Hund trifft Hund. Entspannte Hundebegegnungen an der Leine,.
Cadmos, 2017

Viviane Theby,
Verstärker verstehen. Über den Einsatz von Belohnung im Hundetraining.
Kynos Verlag, 2018

Imanuel Birmelin,
Macho oder Mimose. So erkennen Sie die Persönlichkeit Ihres Hundes und
schaffen eine innige Bindung.
Gräfe und Unzer Verlag, 2014

Birgit Laser, Wibke Hagemann,
Leben will gelernt sein. So helfen Sie Ihrem Hund, Versäumtes wettzumachen.
Birgit Laser Verlag, 2013

Barbara Handelmann,
Hundeverhalten. Mimik, Körpersprache und Verständigung.
Kosmos, 2010

Dr. rer. Ute Blaschke-Berthold,
Das Kleingedruckte in der Körpersprache des Hundes.
Seminarvortrag. Hunde DVD Shop, 2013

Dr. rer. Ute Blaschke-Berthold,
Lernen mit schwer motivierbaren Hunden.
Seminarvortrag. Hunde Drehpunkt Verlag, 2019

Dr. rer. Ute Blaschke-Berthold,
Exzessive und abnormal repetitive Verhalten – vorbeugen und verringern.
Seminarvortrag. Hunde Drehpunkt Verlag, 2019

Dr. rer. Ute Blaschke-Berthold,
Die Welt ist Ball – Ball Junkies – Verhalten.
Ursachen & das Beste daraus machen.
DVD eines Seminarvortrags. Drehpunkt Verlag, 2017

Dr. Ádám Miklósi,
Hunde – Evolution, Kognition und Verhalten.
Kosmos, 2011

Sabrina Reichel,
Leinenrambo. Positiv trainieren – entspannt spazieren.
Kynos Verlag, 2014

Sabrina Reichel,
Die unsichtbare Leine. Positives Freilauftraining für Hunde.
Kynos Verlag, 2016

Sabrina Reichel,
Hunde belohnen – aber richtig.
Grin Verlag, 2013

Sabrina Reichel,
Hilfe, es klingelt! Besuchertraining für überfreundliche, überdrehte
und überwachungsfixierte Hunde.
Kynos Verlag, 2016

Sabrina Reichel,
Keine Angst beim Tierarzt. Medical Training für Hunde.
Kynos Verlag, 2016

Anne Rosengrün,
Eins, zwei, drei … ganz viele. Mehrhundehaltung mit positiver Bestärkung.
Kynos Verlag, 2016

Ines Scheuer-Dinger,
Abgeleint! Entspannt ohne Leine unterwegs.
Cadmos Verlag, 2016

Ines Scheuer-Dinger,
Leben mit Jagdhund. Praxishandbuch für ein entspanntes Miteinander.
Cadmos, 2018

Sonja Meiburg,
Anti-Giftköder-Training. Übungsprogramm für Staubsauger-Hunde.
Cadmos, 2016

Sonja Meiburg,
Raketenstart Rückruf. Sicher Abrufen leicht gemacht.
Canimos Verlag, 2019

Anja Fiedler,
Jagdverhalten verstehen, kontrollieren, ausgleichen. Wege in den Freilauf.
Kosmos, 2019

Marshall B. Rosenberg,
Gewaltfreie Kommunikation. Eine Sprache des Lebens.
Junfermann Verlag, 2016

Paul Watzlawick,
Menschliche Kommunikation. Formen, Störungen.
Paradoxien, Hogrefe AG, 2016

Kathy Sdao

... oder einfach so!

Warum Hunde sich nicht alles
verdienen müssen

Paperback, 140 Seiten,
durchgehend farbig
ISBN 978-3-95464-206-9
Preis: **14,95 EUR**

Häufig wird von Hundetrainern die oberste Maxime vertreten, dass Hunde sich jedes Privileg erst von uns erarbeiten müssen – ohne Gegenleistung keine Aufmerksamkeit, keine Zuneigung, keine Belohnung.

Auch im auf positiver Verstärkung basierten Clickertraining ist dies oft der Fall. Hier gibt es zwar keine Strafen – aber ist „Bindung durch Kontrolle" eigentlich wirklich fair dem Tier gegenüber? Oder ist sie überhaupt effektiv? Kann man gute Trainingstechnik und Empathie miteinander in Einklang bringen?

Man kann nicht nur, man muss – meint Kathy Sdao und argumentiert überzeugend, dass es so manches im Leben „einfach nur so" geben sollte. Sie zeigt Alternativen zur strikten Rationierung aller Privilegien auf, die zugleich die Mensch-Hund-Beziehung vertiefen und festigen.

Dieses Buch ist kein Ratgeber und keine Anleitung, sondern eine kleine philosophische Gedankenreise, geprägt von Selbstreflexion, Humor und Empathie.

„Ein spiritueller Paradigmenwechsel für alle Hundeliebhaber."
(Dana C. Crevling)

Viviane Theby

Verstärker verstehen

Über den Einsatz von
Belohnung im Hundetraining

Flexicover, 176 Seiten,
durchgehend farbig
ISBN 978-3-95464-184-0
Preis: **24,95 EUR**

Belohnen ist weit mehr als nur gelegentlich Leckerchen geben: Im richtigen
Belohnen steckt ein riesiges Potenzial, um das Training von Hunden
effektiver zu gestalten und gewünschte Verhaltensweisen felsenfest zu
verankern.
Die erfolgreiche Tiertrainerin Viviane Theby erklärt auf solider
wissenschaftlicher Grundlage aktueller Lerntheorie, warum richtige
Belohnungen so machtvolle Verstärker von Verhalten sind, worin
der Unterschied zwischen primären und sekundären Verstärkern
besteht, warum das exakte Timing entscheidend ist und was es mit
Belohnungskriterien und Belohnungsraten auf sich hat.

Damit Sie die Verstärker nicht nur verstehen, sondern auch anwenden
können, bietet das Buch zahlreiche Praxisübungen zur Verfeinerung Ihrer
eigenen Technik. Denn: Training ist ein Handwerk, das man lernen kann.
Hier steht, wie es geht.